南海

印象

Impression of
South China Sea

南海
印象

李华军◎主编

文稿编撰/吴欣欣

中国海洋大学出版社
CHINA OCEAN UNIVERSITY PRESS

·青岛·

魅力中国海系列丛书

总主编　盖广生

编委会

主　任　盖广生　国家海洋局宣传教育中心主任

副主任　李巍然　中国海洋大学副校长
　　　　　苗振清　浙江海洋学院原院长
　　　　　杨立敏　中国海洋大学出版社社长

委　员（以姓名笔画为序）

丁剑玲　曲金良　朱　柏　刘宗寅　齐继光　纪玉洪
李　航　李夕聪　李学伦　李建筑　陆儒德　赵成国
徐永成　魏建功

总策划

　　李华军　中国海洋大学副校长

执行策划

　　杨立敏　李建筑　李夕聪　王积庆

魅力中国海
我们的
海洋梦

Charming China Seas
Our Ocean Dream

魅力中国海 我们的海洋梦

中国是一个海陆兼备的国家。

从天空俯瞰辽阔的陆疆和壮美的海域，展现在我们面前的中华国土犹如一个硕大无比的阶梯：这个巨大的"天阶"背靠亚洲大陆，面向太平洋；它从大海中浮出，由东向西，步步升高，直达云霄；高耸的蒙古高原和青藏高原如同张开的两只巨大臂膀，拥抱着华夏的北国、中原和江南；整个陆地国土面积约为960万平方千米。在大陆"天阶"的东部边缘，是我国主张管辖的300多万平方千米的辽阔海域；自北向南依次镶嵌着渤海、黄海、东海和南海四颗明珠；18000多千米的海岸线弯曲绵延，更有众多岛屿星罗棋布，点缀着这片蔚蓝的海域，这便是涌动着无限魅力、令人魂牵梦萦的中国海！

中国的海洋环境优美宜人。绵延的海岸线宛如一条蓝色丝带，由北向南依次跨越了温带、亚热带和热带。当北方的渤海还是银装素裹，万里雪飘，热带的南海却依然椰风海韵，春色无边。

中国的海洋资源丰富多样。各种海鲜丰富了人们的餐桌，石油、天然气等矿产为我们的生活提供了能源，更有那海洋空间等着我们走近与开发。

中国的海洋文明源远流长。从浪花里洋溢出的第一首吟唱海洋的诗歌，到先人面对海洋时的第一声追问；从扬帆远航上下求索的第一艘船只，到郑和下西洋海上丝绸之路的繁荣与辉煌，再到现代海洋科技诸多的伟大发明，自古至今，中华民族与海相伴，与海相依，创造了灿烂的海洋文化和文明，为中国海增添了无穷的魅力。无论过去、现在和未来，这片海域始终是中华民族赖以生存和可持续发展的蓝色家园。

认识这片海，利用这片海，呵护这片海，这就是"魅力中国海系列丛书"的编写目的。

"魅力中国海系列丛书"分为"魅力渤海"、"魅力黄海"、"魅力东海"和"魅力南海"四大系列。每个系列包括"印象"、"宝藏"、"故事"三册，丛书共12册。其中，"印象"直观地描写中国四海，从地理风光到海洋景象再到人文景观，图文并茂的内容让你感受充满张力的中国海的美丽印象；"宝藏"挖掘出中国海的丰富资源，让你真正了解蓝色国土的价值所在；"故事"则深入海洋文化领域，以海之名，带你品味海洋历史人文的缤纷篇章。

"魅力中国海系列丛书"是一套书写中国海的"立体"图书，她注入了科学精神，更承载着人文情怀；她描绘了海洋美景的点点滴滴，更梳理着我国海洋事业的发展脉络；她饱含着作者与出版工作者的真诚与执著，更蕴涵着亿万中国人的蓝色梦想。浏览本丛书，读者朋友一定会有些许感动，更会有意想不到的收获！

愿"魅力中国海系列丛书"能在读者朋友心中激起阵阵涟漪，能使我们对祖国的蓝色国土有更深刻的认识、更炽热的爱！请相信，在你我的努力下，我们的蓝色梦想，民族振兴的中国梦，一定会早日成真！

限于篇幅和水平，书中难免存有缺憾，敬请读者朋友批评指正。

盖广生

2014年元月

Preface 前言

Impression of South China Sea

　　作为我国周边面积最大的海域，南海安卧于华夏之南，坐拥海南岛和南海诸岛，湛蓝无垠。

　　南海这位老大哥着实气势磅礴，初识南海，便可略知一二：大大小小的海湾，造就了它曼妙的姿态；三三两两的海峡，成全了它通达的气韵；千变万化的气象，倾诉出它热烈的性情——如约而至的季风、猝不及防的疯狗浪、肆意挥毫的台风，哪个不为南海的宁谧安然，平增几分动荡澎湃？

　　南海大美。荡漾的碧波之中，或古朴或灵动的上川岛、下川岛、妈屿岛、东海岛、东西玳瑁洲和涠洲岛等一众岛屿出露水面，风姿卓越；浩渺的海滨之上，海门渔港、珠海海滨、湛江海滨、合浦古城融古今为一体，捧出青山绿水、湖光奇石。美丽如它，怎能不去悉心守护？一时之间，自然保护区与国家海洋公园竞相争辉：东寨港的红树林蓊郁蔚然，铜鼓岭的海蚀地貌波诡云谲，三亚湾的珊瑚礁绚烂多姿，海陵岛的众沙滩绵延舒展，茅尾海中的群岛相拥相环，俨如龙门。

　　正所谓"桃李不言，下自成蹊"，南海的魅力下，聚起了万家灯火，汇成了霓彩南海。但见澳门双面莲花绚烂绽放，香港购物之所人头攒动，广州岭南风韵婉转徜徉，深圳文化气息浓郁

芬芳，博鳌景致如画、群英云集，三沙岛礁云集、海韵依依；广州、湛江、汕头、海口等众多港口，由繁复的沿海航运与远洋航运串起，吞吐自如，璀璨华美。

南海的悠然与繁华、安宁与浮沉，尽皆化作图文，只待你翻开书页，一睹真容。

Contents 目录

Impression of South China Sea

南海印象

01

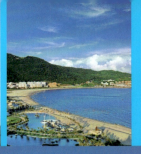

02

大美南海/033

03 霓彩南海/101

初识南海

FIRST IMPRESSION
OF SOUTH CHINA SEA

01

　　我国南部，有一片广袤的海域，沐浴着灿烂的阳光，承载着千年的历史。各色海岛散布其上，如同散落的珠玉；众多海湾依偎其旁，恰似深沉悠远的眷恋。条条海峡，贯通东西南北；层层波浪，卷出万千气象。轻启书页，让我们感受立体的南海！

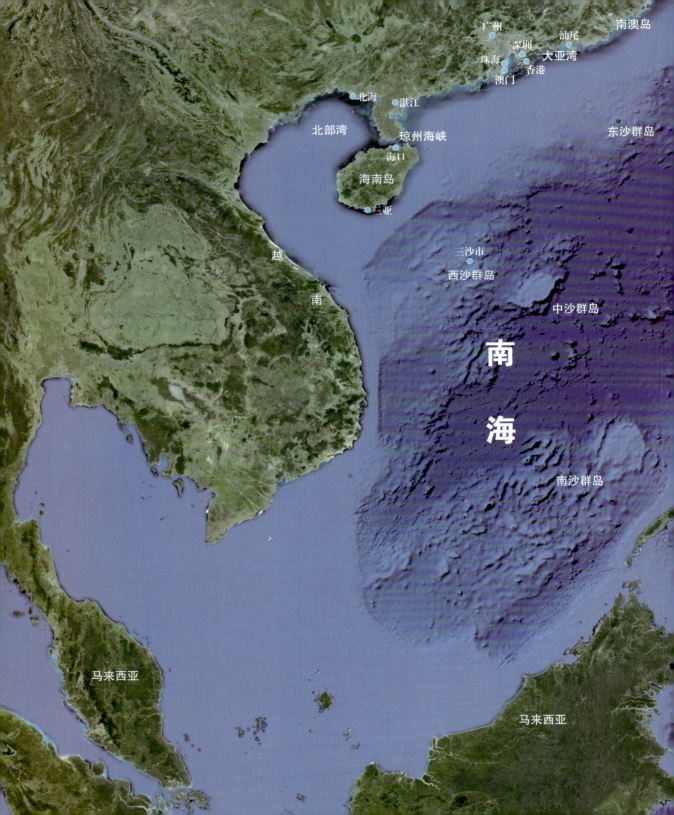

概　况

在我国周边的渤海、黄海、东海、南海四大海域中，南海独占鳌头，占去四海总面积的74%，俨然是四海中的老大哥。它不仅在我国周边海域中地位尊崇，在世界上也是声名显赫，是仅次于南太平洋珊瑚海和印度洋阿拉伯海的世界第三大海。

当然，纵然浩渺，亦有边际。南海并不孤独，它被众多大陆、半岛和岛屿紧紧拥围。且看：它的北面是我国的广西、广东、福建三省的沿海大陆和台湾岛，东面是菲律宾群岛，西面是中南半岛，南面则是加里曼丹岛、邦加岛和勿里洞岛等岛屿。广袤的南海泾渭分明：北邻东海，广东省南澳岛到台湾岛南端鹅銮鼻岬的连线是两者的界限，通过台湾海峡互为连通。东边是西太平洋，以菲律宾群岛为天然界限，双方通过巴士海峡和巴林塘海峡互为沟通。西南部是印度洋，马六甲海峡是二者之间的通道。南部与爪哇海相邻，通过巽他海峡也可通印度洋。东南是西太平洋，不过，西太平洋与南海之间似乎不那么亲密，南海先是通过民都洛海峡、巴拉巴克海峡与苏禄海相连，再经苏拉威西海才最终得以与西太平洋相通。所以说，南海可谓亚洲与大洋洲、太平洋与印度洋的"十字路口"，欧、亚、非、大洋洲等地包括石油在内的许多重要物资的交流多要仰仗南海。

除我国外，南海周边还分布着众多国家，西有越南、柬埔寨、泰国、新加坡，南有马来西亚、印度尼西亚、文莱，东有菲律宾。这些富饶的地区，养育着世界上最稠密的人口，南海也助推着这里迅速崛起的经济巨浪。波澜壮阔的南海，势不可挡。

南海的地理位置

南海具体的地理位置为北纬3°00′~23°37′，东经99°10′~122°10′。基本上位于北回归线以南，延伸至赤道附近，我国的海洋国土中唯有它具备热带特色，格调鲜明。

⬆ 南海的热带风情

海　岛

南海恍若宠儿，安然处于众多陆地的怀抱之中；同样它也怀拥许多美丽岛屿。那里有如诗如画的海南岛，有星罗棋布的南海诸岛……

海南岛

海南岛"四时常花，长夏无冬"。冬日里，倘若不想经受寒气的侵扰和煎熬，去海南岛待上一阵子是个不错的选择。没错，海南岛是世界上最大的"冬都"，是我国避寒的首选之地，在这里，目之所及，林木蓊郁，树影婆娑，绿荫衬着悠然淡远的蓝天碧海，冬日的枯萎和灰霾全无踪影，到处充满了盈盈绿意和勃勃生机。

海南岛何以冬日无忧？关键在于它的地理位置。作为古人眼中的天涯海角，海南岛宁静地安卧在南海之上，琼

海南岛概况

海南岛的长轴呈东北一西南向，长300余千米，短轴为西北一东南向，长约180千米，总面积3.38万平方千米，是我国仅次于台湾岛的第二大岛。

州海峡如同小小走廊，将它和雷州半岛连接起来，使二者虽不得聚，却日夜相望。海南岛地处热带，属于海洋性热带季风气候，年平均温度变化范围为22℃~26℃，最冷的1月，平均气温仍为17.2℃，温暖和煦，阳光正好，怎会有北方冬日的酷寒感觉？

⬆ 海南岛

早在250万年前，海南岛曾是华夏大陆的延伸，两者并未分离，直到大约更新世（距今250万~1.5万年）中期，由于火山活动，海南岛和雷州半岛之间发生了断裂，琼州海峡横空出世，海南岛和大陆才首次分开。后来随着海平面的多次升降，两者亦是分分合合，直到第四纪冰期结束，海平面大幅上升，海浪不断冲刷，琼州海峡才完全成形，海南岛和雷州半岛正式隔海相望，化作牛郎织女一般，"盈盈一水间，脉脉不得语"。这种地质构造运动也使海南岛中部不断隆升，海南岛如今的面貌才一点一点显

⬆ 琼州海峡卫星图

↑ 黎族传统工艺

露出来：以山地为中央，丘陵、台地、平原仿佛同心圆一般，依次环绕，徐徐延展。

　　海南岛除了自然风光热带风范十足外，黎族的民俗文化也别具特色。黎族是海南岛最早的居民，也是海南岛专属的居民。他们的织锦工艺以绚丽繁复著称于世，宋末元初著名的女棉纺织家黄道婆工艺精湛，而且将纺织技术在其家乡（今上海）广为传授，深受爱戴，她在海南生活、学习和劳作了30多年；可以说，没有黎族，也就没有家喻户晓的黄道婆。如今黎族民居群保存最完整的当属五指山西麓的初保村。绿树掩映的，是逐渐消逝的传统，也是海南文化传承的血脉。

↑ 初保村

粤海铁路

　　乘火车去海南岛？没错，如今海南岛与大陆之间已经通了铁路。2003年1月7日，总投资45亿元人民币的粤海铁路正式开通，火车乘铁路渡轮穿过琼州海峡驶上琼州大地，不绝的隆隆声，一如新时代的脉搏，激昂澎湃。

我国第一艘跨海火车渡轮

↑ 东沙群岛风光

南海诸岛

南海的浩渺烟波之中，一首民歌悄然流传："在那很久很久以前，南海上来了一位美丽的天仙，从胸前摘下几串珍珠，撒在万顷碧波之间，一串是东沙，一串是西沙，一串是中沙，一串是南沙，兄弟姐妹，宝岛同根相连。"这几串晶莹的珍珠就是南海诸岛。

南海诸岛散布在南海大陆架及南海中央海盆的隆起高地上。隆起的高地上，珊瑚虫不断繁殖、生长，逐渐堆积成珊瑚礁，成为暗滩、暗礁和岛屿，南海诸岛的主体部分——东沙、西沙、中沙和南沙四群岛从而浮出水面。

南海诸岛自古以来就是我国的领土，北起东沙群岛的北卫滩，南至南沙群岛的曾母暗沙，东起黄岩岛，西至万安滩，分布的区间大致为北纬4°~21°，东经109°30′~117°50′，南北绵延约1800千米，东西则跨越900多千米。由北至南，大致可以分为东沙群岛、西沙群岛、中沙群岛、南沙群岛等四大群岛。

家族最小的东沙群岛

东沙群岛是南海诸岛中最靠北，离我国大陆最近的一个群岛家族。为什么说这个家族最小呢？因为这里岛礁最少，主要由东沙岛和三个珊瑚环礁组成，附近海区散布着的一些暗沙和暗礁，因而其陆地面积也最小，大约为5000平方千米。别看它小，却占据了黄金位置：它位于北纬20°33′~21°10′、东经115°54′~116°57′之间的海域中，我国的广东、海南、台湾几省以及菲律宾分布于其周边，东沙群岛处在东亚至印度洋和亚洲、非洲、大洋洲国际航线的要冲，小小家族地位颇高。虽然位置优越，但是很遗憾，东沙群岛水下暗礁星罗棋布，并不适合航行。这里是典型的环礁地貌，也就是说，中间为一方浅湖，水深不超过18米，周围珊瑚礁体环环延展，上布小沙洲和沙岛，并通过"门"（水道）与外海互通。

东沙群岛唯一露出水面的海岛是东沙岛，位于东沙环礁的西部礁盘上。东沙岛形如一弯新月，被珊瑚、贝壳等碎屑风化而成的白沙轻轻笼罩着，恰如月的清辉，潮汕居民因而亲切地称它为月牙岛。月牙纤细，却不微小。东沙岛东西长约2800米，南北宽约700米，陆地面积约1.8平方千米，在南海诸岛中面积排名第二。因为东沙岛四周海岸为1~2米深的广阔浅礁，大型船只无法靠近，只能望岛兴叹。那么船只如何前往东沙岛呢？可以借助"信使"——小船。只消驾一叶小舟，便能得以瞻仰其真容。不过令东沙岛头疼的一大难题是淡水，虽然徜徉在海水的怀抱中，东沙岛上的淡水难寻踪迹。这里虽然属于热带海洋性季风气候，湿热多风，夏季雨水充沛，不仅农历五六月为梅雨期，而且台风过境还能带来大量降水，按理说地下水应该是丰盈的，但是由于海水渗入，淡水多被咸化，不适宜饮用，岛上的饮用水仍需从其他地区运补。

家族成员最多的西沙群岛

西沙群岛坐落于南海西北部，海南岛东南方，分布区间为北纬15°42′~17°08′，东经111°10′~112°55′，属于热带海洋性季风气候，是我国最易受台风侵扰的地区。西沙群岛家族庞大，由30多个岛、洲、礁、沙、滩组成，露出水面的有22个岛屿、7个沙洲，陆地面积共约10平方千米。海岸线长达518千米的西沙群岛古时被形象地称作"千里长沙"或者"九乳螺岛"。

西沙群岛与东沙群岛恰好相反，它所拥有的岛屿最多，而且在它的家族之中，个个岛屿都能独当一面，譬如南海诸岛中面积最大的永兴岛、海拔最高的石岛、唯一结胶成岩的岩石岛以及唯一因火山喷涌形成的高尖石。

东沙群岛

白鲣鸟

　　西沙群岛绿意盎然，树木蓊郁之处，通常鸟鸣上下，因此西沙群岛素有"鸟的天堂"之称，40多种鸟在此安家落户，抬眼望去，成千上万的海鸟终日盘旋于林木上空，千啼百啭。在此栖息的鸟中有一种有趣的鸟被渔民称为"导航鸟"，这名字是如何得来的呢？原来西沙群岛周围的海域是我国主要的热带渔场，有珊瑚鱼类和大洋性鱼类400多种，渔民们自是跃跃欲试，但茫茫海面芳踪何处寻觅？不用担心，白天，渔民们只需跟着集结出发的鲣鸟，便可放心扬帆前去捕鱼；夜幕降临，再顺着它们飞回的方向，便可穿越苍茫大海，停泊在附近的海岛。这些鲣鸟如同引航的志愿者，日复一日，年复一年，从未停歇。

　　西沙群岛上花团锦簇，离不开人类的辛勤浇灌。且看永兴岛吧，南海诸岛中面积最大的它（2.10平方千米），处于西沙群岛的中心位置，而且礁盘较小，便于停泊，人们便在此兴建码头，于是过往船只能够驶近停泊或者登陆。岛的东南方还建有飞机跑道，波音飞机可以在此降落。与东沙群岛一样，岛上的水只能作为非饮用生活用水，于是，海南岛的淡水乘风破浪来到这里，滋养着岛民以及过往的游人。

我国海疆最南端的南沙群岛

南沙群岛北起礼乐滩北的雄南礁，南至曾母暗沙，西起万安滩，东至海马滩，分布区间为北纬3°36′（疆界线）~11°55′，东经109°30′~117°50′，南北长926千米，东西宽740千米，跨越的海域面积82万平方千米，足足占去我国南海传统海域面积的2/5，分布范围最

↑ 南沙群岛的岛屿

曾母暗沙

我国最南端的领土为曾母暗沙。它位于北纬3°58′，东经112°17′，长2385米，宽1380米，面积为2.12平方千米。

广。热带海洋性季风气候使它的雨季长达7个月，降水十分充沛，但它非常幸运，与其他几个群岛相比，鲜受台风影响。这是为何？台风多形成于菲律宾以东的西太平洋和西沙群岛、中沙群岛的附近海面，由于热带海洋气流的牵引以及地球自转，一般向西、西北方向移动，南沙群岛因而得以逃脱台风中心的魔爪。

南海诸岛之中，南沙群岛所处的位置最南，而且分布的海域最广，但是每个岛礁都很袖珍，因而总体陆地面积并不大。尽管如此，南沙群岛的地位仍是无可替代，位于我国传统海疆最南端的它，是太平洋与印度洋、亚欧大陆相互沟通的咽喉，是东亚通往南亚、中东、非洲、欧洲必经的国际重要航道。它既是我国南疆安全的重要屏障，又是我国对外开放的重要动脉，我国对外的39条航线之中有21条途经南沙群岛海域，60%的外贸运输都从此经过，南沙群岛的重要性可见一斑。

南沙群岛古时称为万里石塘，一直由我国开发管辖，如今是南海各种纷争的焦点。南沙群岛何以如此炙手可热？除了专属经济区等因素之外，还因为此处海域俨然是硕大的宝库，蕴藏着丰富的油气资源。南沙群岛及其附近海域之中共有十几个油气沉积盆地，油气资源量可达350亿吨，有"第二个波斯湾"的美誉。不仅如此，此处还富含其他海洋矿产资源以及未来的新能源——可燃冰。珍贵如斯，值得我们用心坚守。

处于中央地带的中沙群岛

中沙群岛在南海四大群岛中位置居中，位于北纬15°24′~19°35′、东经113°02′~117°50′的范围之内，是穿越南海航道的必经之地，共有20多个岛礁，几乎清一色的暗沙和暗滩，只有黄岩岛南部露出了水面。虽然水上的面积不大，但是由于暗沙、暗礁和暗滩众多，浅水处的面积巨大。据不完全统计，20米水深内的礁滩面积便可达350平方千米。离海面近，面积又大，中沙群岛因而化作幕后高手，虽不出面，却影响巨大。每逢天气恶劣，附近海面受它影响，海浪通常更高更乱。不过好在暗沙之上的海水呈现微微的绿色，与深海沉静的碧蓝色迥乎不同，因而极易分辨，恰好用做航行标志。

中沙群岛附近海域是南海的重要渔场，这里营养盐分丰富，金枪鱼、旗鱼等水产品数不胜数。中沙群岛更是有名的海参、龙虾等珍贵海产品出产地。每逢1~4月，我国渔民成群结队来到这里，辛苦过后，珍宝满舱，心满意足地返航，这一传统代代相传。

↑ 赴黄岩岛护渔的中国渔政船

← 黄岩岛卫星图

海湾和海峡

南海海岸曲折曼妙，形成了大大小小的海湾，它们敞开温暖的胸怀，接纳着四面八方的游子，于是梦想有了栖息之地。海峡则是南海之心的窗户。众多海峡使南海与邻海相互贯通，南海的气韵变得更为通达、更为广阔悠远。

大亚湾

南海与我国大陆最深的拥抱，造就了有"海上小桂林"之称的大亚湾。大亚湾地处广东省惠州市东南方，东靠红海湾，西隔大鹏湾与深圳相依，并与香港隔海相望。这里海面平阔、水底平坦，是天然深水避风良港，国家一类对外开放口岸惠州港就位于此。大亚湾面积约为600平方千米，海岸线长达92千米。舒缓悠然的大亚湾，拥有上百个岛屿和岩礁，它们呈弯月状分布，又为大亚湾平添了几分浪漫清新。世外桃源一般的大亚湾，自是美景无限。

大亚湾一角

三门岛

　　作为大亚湾最大的海岛，三门岛层峦耸翠，海蓝沙白，海风旖旎，浪漫醉人；波浪遇到百态礁石，碎成万朵雪白的浪花，像是海洋倾心的呢喃。海水之中，各种鱼虾贝类惬意地生活。在这片广东省指定的水产资源保护区中，这些生物干净得不染尘世的喧嚣之气。在这座生态岛上，2000多种植物高低相间；满眼的翠色和着清扬的海风，如同流畅清新的变奏曲，令人心旷神怡，无怪乎三门岛享有"海上动植物乐园"的美誉。

三门岛

独特的位置使三门岛不仅美丽，而且耐人寻味。清朝时，它一直是海上的重要关口和军事要塞，一度是军事禁区；如今已经敞开胸怀的它，仍遗留着纵横交错的战壕、长达5千米的地下战备坑道，以及多个隐蔽的火力点，讲述着往日的紧张和神秘。今天的三门岛，顺应着平缓的海滩、起伏的山地，度假酒店、别墅区、运动娱乐场所正如雨后春笋，亭亭涌现，鲜亮喜人。

▲ 穿洲岛

穿洲岛

穿洲岛的中央有洞，如同门户一般，旧时可以通航。相传当地的祖辈们，但凡出海，经过这里，都要在石门之下停泊休整，烧香拜神之后方可起航，正合古语中"穿洲过海"之意。如今岛中石门已经不能驶入船只，但是"穿洲岛"这一名称仍一直沿用。

大甲岛

海上明珠一般的大甲岛，周边海面开阔，海水澄澈，是天然的海水浴场。畅游过后，漫步于细软的海沙，或是躺卧于平展的沙滩，漫看云卷云舒，当真惬意。曾经是我国重点军事前沿阵地的大甲岛，如今已是度假休养的好去处，葱郁的树木，配上完善的度假设施，在这里，你大可以静静悉数光阴的分分秒秒。

▲ 大甲岛

 大亚湾核电站

清泉寺

清泉寺始建于清朝，位于霞涌镇以北两千米的地方。山麓之上的它，两侧各有一股清泉流出，虽不同源，却同样清甜可口；尤为神奇的是，无论是旱是雨，它始终波澜不惊，终年长流，被当地人称作"长生水"。传说"清泉玉带"是观音三姐妹中的三妹妙兰下凡所带，泉水在澄澈之余，平添灵慧之气。

曾经默默无闻的大亚湾，如今已经华丽转身。近年来，大亚湾核电站以及经济技术开发区竞相涌现，而石油化工及其他临海工业、房地产业等开发项目也陆续落户此地。往昔温婉的小家碧玉，逐渐投入更广阔的天地之中，大亚湾正逐步发展成为一个多功能、多产业、综合发展的港区。胸中容纳乾坤，梦想方可翱翔！

三棵树观景台

这里生有两棵细叶榕和一棵龙眼树，其中最老的榕树已经200多岁，它们携手一道，见证了我国目前最大的合资项目——中海壳牌南海石化项目的成长历程。历史的沧桑遇上现代的生机，这一奇妙的融合使这里成为新兴的旅游热点——大亚湾发展的"见证树"。

湛江湾

湛江湾，旧时称为广州湾。这里的海碧色无垠，这里的天湛蓝无边，似乎与其他海湾没什么不同，但它平静安然的风光背后，隐藏的是一段充满血泪的曲折身世。早在石器时代中晚期（约夏、商之间），我国人民便在此安居乐业，但在近代，它却几经转手，先是被法国"租借"，后又被日本占领。好在经过不懈抗争，它终于在1945年抗战胜利之后回归祖国怀抱，并从此定名为"湛江湾"。这个由海水淹没河口而形成的海湾，这个曾经溢满泪水的海湾，终于滋养出绚烂的希望之花。

我国世代相传的国土缘何沦落到他国股掌之间？这一切还要从中日甲午战争说起。中国在那次战争中战败，并被迫签订了丧权辱国的《马关条约》，同意把辽东半岛割让给日本。俄国、德国、法国三国心生不满，通过"友善劝告"，迫使日本把辽东半岛还给中国，也就是著名的"三国干涉还辽"事件。当然，他们这种做法并非出于人道主义，甲午战争中清政府的失败，让他们嗅出了当时中国的病态软弱，于是，他们宣称迫使日本把辽东半岛归还中国"有功"，向清

⬆《马关条约》的签订

政府索取"回报"，而此时的英国、美国、日本则向清政府要求"补偿"。就这样，正在由资本主义转向帝国主义的列强，掀起了瓜分中国的狂潮，仅1898年3月至7月，德、俄、英、法四国就攫取了我国五处重要海湾港口，建立租借地，其中就包括广州湾。

1898年（光绪二十四年）3月11日，法国以"停船趸煤"为借口，向清政府提出"租借"广州湾的无理要求，并在4月22日派出军舰，在遂溪县的海头汛武装登陆，堂而皇之地强占了海头炮台。令人痛心的是，清政府并未加以抵抗，而是委曲求全，屈膝投降，并派官员前往，与法军划定租界。法帝国主义仍不满足，整日四处烧杀抢掠，妄图扩大"租借"范围。他们的种种野蛮行径，彻底激怒了当地人民。于是，1898年6月19日，当地村民500多人首次举起抗法大旗；之后，抗法斗争如巨浪一般涌起，并一直持续了20多个月。郭沫若一句"千家炮火千家血，一寸河山一寸金"，反映的就是当时战况的惨烈以及湛江人民反抗的决绝。无奈，清政府丝毫不为民众豪情所动，依旧于1899年11月16日签订了丧权辱国的《中法互订广州湾租界条约》，把广州湾租借给法国，期限99年。冠

湛江海湾大桥

冠堂皇的"租借"一词，掩盖不了侵略本质，因为条约中规定，租借期内，中国不得插手治理广州湾，而是由租借国全权治理，也就是说，这里的主权已经全部免费给了列强。当然，人民的反抗并非徒劳，一番血雨腥风，起了一定的威慑作用，减小了纵深70多里的租借范围。湛江人民波澜壮阔的抗法斗争，为中国近代史增添了一页血染的风采，可歌可叹，荡气回肠。

广州湾海面平阔，地理位置优越，海运往来便利，虽已由法国"租借"，日本仍是颇为觊觎。自1938年起，日寇不断袭击、侵略雷州半岛沿海城乡。法国政府迫于无奈，与日本妥协，于1943年2月21日，双方签订了《共同防御广州湾协议》。日本陆海军随之进驻占领广州湾，广州湾遂沦入日寇之手。饱受日寇蹂躏的当地人民奋起反抗，斗争一直持续到1945年8月15日，随着日本宣布无条件投降，侵占广州湾的日军亦在寸金桥头挂起"投降"横额。1945年8月18日，中法政府在重庆签订《中华民国政府与法国临时政府交接广州湾租借地条约》，宣布把法国1899年11月16日租借的广州湾归还中国。当月26日，南京国民政府电令粤桂南区总指挥邓龙光负责受降和接收，并委派李月恒到广州湾筹建湛江市。9月21日上午9时，日军代表向邓龙光递交投降书，广州湾历经重重苦难之后终于光复，重回祖国怀抱，并设立市治，取名湛江。

如今的湛江湾，是南海舰队的司令部驻地。水面上，艘艘军舰迎着阳光、气势昂扬，而它们代表的，不是侵略，而是保卫；不是令人恐惧，而是让人心安。你大可以来一次湛江湾历史风情游，富于欧陆风情的旧式建筑，既展示着艺术上的精华，也诉说着国人心灵上的伤痛和精神上的坚定。风情虽美，却美不过将它照耀的日光之华。

🔺 南海舰队

北部湾

北部湾三面依偎大陆，面积约为12.7万平方千米，比渤海的面积还要大上几分。身姿阔达的北部湾，水深大部为10~60米，平均水深为42米，而最深的地方可以达到100米。海底情形较为简单，从湾顶向湾口逐渐下降，较为平坦，因而海水也是从岸边向中央逐渐加深。由于海底较为平坦，河流所挟的陆地上的泥沙便在此沉积，好在沿岸河流只有南流江、红河注入，因而海湾中的泥沙不算太多，所以北部湾得以深邃而不浑浊、单纯而不凝滞。

北部湾，旧时称为东京湾，坐落于我国南海的西北部，东临我国的雷州半岛和海南岛，北临我国广西壮族自治区，西临越南，南与南海相连。地处热带和亚热带的北部湾，年平均水温为24.5℃。冬季，大陆冷空气袭来，多吹东北风，水温约为20℃；夏季，从热带海洋吹来的西南风使水温高达30℃，台风也如影随形。一般来说，北部湾每年要经受5次台风的洗礼，坚韧的它，至今欣欣向荣。

大陆架上的北部湾，拥揽着丰富的资源：河流入海，带来了新鲜的物质；充沛的饵料，又吸引来了鲷鱼、金线鱼、沙丁鱼等经济鱼类50多种，以及多种虾、蟹、贝类，北部湾因此成了我国优良的渔场之一。沿岸广阔的浅海和滩涂，为海水养殖提供了大展身手的舞台，于是北部湾里又多了牡蛎、珍珠贝、日月贝等贝类。此外还有驰名中外的合浦珍珠（又称南珠）。而涠

北部湾

洲岛、莺歌海等地蕴藏的丰富的海底石油和天然气资源，更是为北部湾增添了无尽魅力。

　　早在2000多年前，北部湾就担任了海上丝绸之路始发港的重任，沟通了亚欧两块大陆。如今，作为我国大西南地区出海最近的通路，北部湾的战略意义更是越发重要，不仅湾畔的北海、钦州、防城港等港口，船只往来穿梭，一派繁忙景象，北部湾旁的南宁市、北海市、钦州市、防城港市也把各自所辖的区域范围与周遭的玉林市、崇左市整合起来，形成了广西北部湾经济区。2008年，我国政府批准实施《广西北部湾经济区发展规划》，北部湾的开放发展正式纳入国家战略，北部湾开始享受国家特殊经济政策，奋起直追珠江三角洲、长江三角洲以及环渤海地区，逐渐成长为我国沿海经济的第四极。北部湾这个新的一极，地处华南经济圈、西南经济圈和东盟经济圈的结合部，是我国西部大开发地区唯一的沿海区域，也是我国与东盟国家既有海上通道又有陆地接壤的区域，势必成为未来中国−东盟经贸一体化的前沿阵地，发展空间巨大，是名副其实的"潜力股"。借着改革开放之风，乘着政策扶持之机，北部湾正"海阔凭鱼跃，天高任鸟飞"！

钦州三娘湾

　　钦州三娘湾是"海上大熊猫"——中华白海豚的故乡。数百头海豚常年活跃其中，时而水下穿梭，时而破水跃起，人们可上前近距离观看。在这里，海豚与人的距离消融于碧波之间，彼此你观我照、和谐相处。

北部湾

琼州海峡

海南岛与雷州半岛一南一北，隔海相望。它们之间，琼州海峡横亘西东，义不容辞地成为海南省和广东省的自然分界；它西边依着北部湾，东边连着珠江口外海域，不知不觉中又成为沟通我国东南沿海和北部湾的重要海上通道。这片波光潋滟的水域平均宽29.5千米，而它的长度却达80.7千米，形态虽然狭长，面积却足有2370平方千米，是我国仅次于台湾海峡、渤海海峡的第三大海峡。这三个海峡同是各安一方的"霸主"，却也各有特色：与其他两个海峡不同的是，琼州海峡所处的纬度最低；它两侧的邻居是岛屿和半岛，居住环境颇有特色；它的海底地形是个潮流深槽，始终保持着"出生"时的印记。

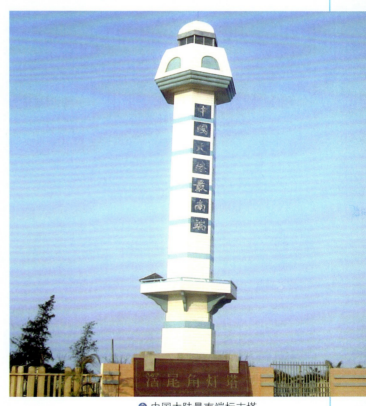

琼州海峡是如何形成的？其实在晚第三纪（距今2500万至250万年）之前，雷州半岛与海南岛并未分离，但当时的地块断裂下降，形成了地堑式凹陷。冰后期海平面上升，海水淹没了凹陷，加上潮流的反复冲刷、波浪和河流的长期塑造，琼州海峡终于"崭露头角"。距今6000多年前，海面上升到与目前相当的位置后，地壳运动的相对稳定使琼州海峡面貌一直保持至今。

琼州海峡全部位于大陆架上，看似平坦木讷，实则灵动曼妙。这里的海水平日里都由东向西流，流速也不快，一到夏季，受到盛行的西南季风的"蛊惑"，海流开始自西向东流动，流速增大，仿佛是沾染了夏日的活力与热情。海峡两边的海岸曲曲折折，像是锋芒毕露的锯齿，忽而见岬角凌厉尖锐，忽而又见海湾温婉内敛。它的海底也是凹凸有致，四周高中间

🔼 中国大陆最南端标志塔

低，如同一道狭长的深槽沿着东北—西南方向延展，中央的水深为80~100米，而东、西两口的地势则逐渐平坦，海水也变得清浅。如此这般，海流途经中央潮流深槽，转而遇上缓和的东、西两端海口，内中所含的泥沙逐渐平静下来，落脚此处，形成了两个潮流三角洲。高低相和，深浅相宜，琼州海峡如同轻快的乐曲，明朗跃动。

现　象

大地对上苍最深沉的祈求，化作一片无边无际的湛蓝，南海远离凡尘，恍若澄净无邪的"梦境"。"梦境"之中，有万象气候，有绿色褪去的植被，有年年如约而至的季风，有令人猝不及防的疯狗浪，也有凶猛的风暴潮。时而宁谧安然，时而动荡澎湃，性情多变的南海，以多姿的风采在天地之间绽放，芳华绝代。

海浪

我国周边的四大海域中，数南海脾气多变，素以水深、浪大闻名。海浪既是温柔的，又是粗暴的，它可以轻抚沙滩，一波一波，像是轻柔的催眠曲，柔和宁谧；但转眼之间，便可"乱石穿空，惊涛拍岸，卷起千堆雪"；更有甚者，化作疯狂的恶魔一般，吞噬大地和生灵。海浪脾性不一，可以分为多种，因风而起的海浪称为风浪，最初的时候，风的力量较大，海浪也比较有力，但当风转向、减小或者停止，风浪超出风的势力范围的时候，海浪开始平心静气，波面变得越发规则光滑，此时的海浪称为涌浪。除了风之外，海底地震、气压变动、天体运动等也会引发海浪。当然，风浪和涌浪最为我们所熟悉。海浪强不强，关键得看风。风速越大，风向越稳定，风的势力范围越广，风持续的时间越长，海水越深，海浪也就越大。常言道"无风不起浪"，可谓一语中的。

南海之中，风浪、涌浪经常光顾。相比之下，南海冬季的海浪倒要大过夏季的海浪。每年11月到次年4月间，东北风横扫南海，强冷空气南下，整个南海就会处于10级以上大风的魔爪之下，波涛顿时狂怒一般，奔腾咆哮，9米以上的海浪在浩瀚的海上动荡穿梭。此时东沙群岛附近海面首当其冲。1月份风浪平均浪高2米左右，最大浪高可达9.5米，无论是航海还是水上作业，都诗意全无、唯余惊险。好在6月到9月份的时候，温和一些的西南风光临南海，风力多为4~5级，平均浪高1米左右。当然，凡事总有例外，最大风浪的浪高，在中沙、西沙、南沙海域仍可达9.5米，不可掉以轻心。每年的5月份、9月份和10月份，季风处于休整阶段，相对平静，此时正是海上作业的黄金季节，无论是港口建设，还是石油勘探开采，工人们都可以享受一段海面平静无波的自在时光。但好景不长，南海向来很少有静风之日，即便此处无风，其他海域的风浪仍会在此处化作涌浪；如果风浪巨大，涌浪自然也不可小觑。

在海浪家族之中，有一种海浪有着属于自己的独特名字——疯狗浪。只看它的名字，就能感觉到这种海浪的疯狂和难以预测。正如疯狗一般，疯狗浪也分为两种情形：一种是一直处于疯狂状态，凶猛强烈的海浪不断侵袭海岸；另一种是看似正常，却会突然疯狂，平静无波、舒爽静谧的海岸，一道大浪忽然袭来。在后一种情形之下，岸边的人和船几乎都不能幸免，此时的疯狗浪，会在几乎无甚征兆，海水不但没有涨潮迹象，甚至还有退去之意时出现，令人大意，因而更加恐怖。人们对疯狗浪的成因至今仍然莫衷一是，目前比较占主流的观点是，强季风或者台风引发风浪，排山倒海的风浪随着行进，波高逐渐降低，波长和周期

↑ 海浪

则逐渐拉大，波速也持续加快，长波接近海岸的时候，波高持续变低，而就在此时，疯狗浪乘虚而入，但见海浪奔涌至岸边，此处的海水迅速变浅，海水受到阻挡，波速减缓，波长减小，于是向前奔驰的力量转化为向上喷涌的力道，波高急剧增大，海浪升到一定高度之后，波峰向后弯出一个弧度，疯狗浪旋即张开了它的"血盆大口"。疯狗浪神出鬼没，难以预测，已经造成了多起惨剧。据学者统计，疯狗浪多数出没在秋冬及春夏交替之际。如今对它的研究仍在继续，我们可以做的，就是在海边游玩的时候不要快意过头，必须时常保持警惕。

台风

风生方能水起，而风既可以是微风，身形轻盈，心旷神怡；还可以是台风，波澜壮阔，汹涌澎湃。热带海洋气温高，空气含水量也高，因而容易产生强烈的热带气旋，现身于我国南海和西北太平洋时就称之为台风。台风性情狂暴，空气漩涡旋转速度极大，除了低压中心台风眼区晴朗平静之外，台风中区（又称台风云墙），风疾雨大，被称为漩涡风雨区。台风所到之地，暴雨或者特大暴雨接踵而至，杀伤力很强，所向披靡。我国的天气预报中，根据风力强弱，把台风分为三级：中心附近风力12级及以上者称为强台风，8~11级者称为台风，6~7级者则称为热带低压。

⚓ 台风过境时的巨浪

浩渺迷人的南海，不幸成为台风的"乐园"，是全世界台风活动最频繁的海区之一。据1949~1981年的数据统计，南海每年遭受的台风平均14个，最多的年份甚至多达22个（如1970年）。每年7~9月份，是台风经常出没南海的时间，平均每月都有2~3个，最多的时候甚至会发生6个，而1~4月份台风基本上就无影无踪了。

战神一般的台风，其可怕之处还在于，它每次出行，总是前呼后拥，除了剧烈降雨之外，还会造成强烈的大气扰动，导致海水异常升降，掀起滔天巨浪，使海区的潮位远超平日潮位，形成面目狰狞的风暴潮。台风风暴潮，经常出没于夏秋季节，往往来势汹涌、速度迅疾、程度强烈、破坏肆意。如果风暴潮潮位不甚出奇且又单独成行，或许还不至成灾；但如果它自身潮位非常高，或者与天文潮、风浪、涌浪相互叠加，势力便会陡增，变为彻头彻尾的自然灾害。

作为台风的发源地之一，南海自然难逃台风风暴潮的侵袭。2005年18号台风"达维"引发了一场风暴潮，其严重程度是海南省近40年来之最。在这场风暴潮中，海南共有25人失去生命，3.21万间房屋倒塌，仅直接经济损失就达116亿元。一石入水，通常激起千层浪。台风"达维"不仅凌虐海岛，海洋近岸生态系统也遭受重创，台风登陆的海南省万宁市附近的沙滩上，成百上千的海鸟飞翔之梦破碎，尸体遍布海滩，令人触目惊心。与此同时，海上的活动也大大受阻。当然，福祸相依，台风在造成巨大损失的同时，也带来了豪雨，一次台风带来的降雨量可以达到数亿甚至数十亿吨，台风到来时一天的降雨量，多的可达500~700毫米，这可比华北平原一年的降水量还要多。干旱的地方遭遇台风，自是久旱逢甘霖，脸上笑颜开，而且炎炎夏日，台风过境，空气中会释放出丝丝凉意，这时的台风，倒是充当了纯天然的空调。

台风也有"土著"

　　袭击岭南的台风，其实并不是一家子，其中70%来自菲律宾以东的西太平洋，而剩下的30%则"土生土长"，产生于南海，尤其是在西沙、中沙群岛及其东面的海域。这种台风，渔民和海员们唤作"南海台风"或"土台风"。土台风直径200千米左右，范围较小，风力多为8~11级，很少达到12级，强度较弱，但不要就此以为它仁慈。这种台风在气象学上被称作"非常态台风"，原因就是它风向多变，尽管来势猛烈，但很难预测它的登陆地点，应对起来反而更为吃力。

透明度

海水是什么颜色的？放眼望去，"上下天光，一碧万顷"，但细观之下，就会发现海水的色调似乎丰富得很，蓝色、绿色、灰色等多种色彩深浅不一，相融相合于波涛之上，跳荡起舞，变幻莫测。

为什么海水的颜色不同呢？除了受海水深浅的影响之外，海水透明度也是一个重要因素。倘若海水中悬浮物质少，浮游生物含量少，江河入海径流少，加上晴朗无风，万里无云，海水便会透明而纯净。此时，阳光安然栖落，所含的红、橙、黄、绿、青、蓝、紫七色光之中，波长较长的红光、橙光、黄光穿透能力很强，被海水中的水分子吸收，而波长最短的蓝光、紫光则被散射和反射，由于我们的眼睛对紫光很不敏感，因而满眼皆是蔚蓝的氤氲轻笼浩渺的海洋。海水越是透明，越湛蓝无瑕。如果透明度小，海水就会呈现出灰色、绿色甚至黑色等多种颜色。一般来讲，大陆或者岛屿近岸的海水透明度较低，水色恰如涟漪，顺着海岸一圈一圈漂荡开来，逐渐融入无垠的纯蓝之中。

南海诸岛海域透明度

总体来说，我国南海诸岛海域海水透明度都很大。西沙海域，春季为23~26米，夏季为20~30米，秋季为26~32米，冬季为20~22米；东沙海域，春季为26~28米，夏季为16~28米，秋季为24~34米，冬季为22~24米；南沙海域，1~3月份为26~30米甚至更大，7~9月份为18~24米或更小，而10~12月则为28~30米，非常适宜渔民潜水作业。

广袤深邃的南海，入海大河流不多，水中的泥沙很少，因而海水澄澈透明，透明度一般为20~30米，只消坐在船上，水下的暗礁和暗沙便能一览无余。南海西北部，由于水温比较低，盐度又高，所以透明度最大，但越往西南透明度越小，越南沿岸的透明度已是迅速降至20米以内，从飞机或船上俯瞰远眺，此处的水域与外海浊清分明，令人慨叹。这是为什么呢？因为湄公河在此入海。其实不光此处，但凡河流河口，比如珠江口、红河口，透明度都只有3~10米，原因不难理解，河流入海带来泥沙和养分，水中的悬浮物质和浮游生物随之大增，自然不再清澈见底。此处的鱼类虽多，但由于海水所布的"迷魂阵"，渔民捕捞便比较困难。

气候

南海海域位于北回归线以南。热带控制之下的南海日照时间长，太阳辐射强烈，加上海水透明，可以吸收93%~94%的太阳辐射能，全年总量达到58520焦/平方厘米，也就是说，南海每平方米海面，一年中所吸收的太阳能总量，相当于200千克标准煤燃烧所发出的热量。内部充满能量的海水，它自身的温度便可想而知。

与海水相依相伴的空气，为南海海水的"热情"所感染，也是终年高温。热带海洋性季风气候的南海，年平均气温处于25℃~28℃，任何作物在此均可沐浴充足的阳光，生根发芽，

⬆ 积雨云

蓬勃生长。南海之上，散布的珠玉般的众海岛，几乎四季常青；除了东沙群岛冬季受到北方冷空气的影响，1月份平均气温为20.6℃，其他各岛海区年温差很小，一直处在热烈奔放的夏天。但不要因此就以为这里酷热难耐，其实在最热的时候，此处的最高气温也只有33.2℃，加上徐徐的海风，倒也算清凉舒爽。只是太阳辐射仍旧无法抵消，驻守南沙太平岛的官兵们，暴露在强烈的阳光之下，头发、皮肤甚至睫毛都会被晒成红色。

　　高温的南海向来不缺雨水，雨量丰沛的它，年降雨量达1300毫米以上，然而这却比不上广东的降雨量。堂堂海洋竟比不上沿海，却是为何？其实这并不难理解。首先，南海诸岛面积都不大；再者，岛上地形平坦，没有巍峨的高山，因而即便是夏季湿润的西南季风也只是一掠而过，不作停留，如此这般，降雨又何从谈起？不过好在台风时常光顾，每次带来的降雨量多的时候可以达到500毫米甚至更高，凶蛮的台风，倒是成了南海的好帮手。不过台风也不能随心所欲，它每年多在夏秋季节出没，因而南海的干湿季节泾渭分明。当然，除了台风之外，南海的高温使空气膨胀上升，引发强烈的热对流，进而形成厚重的积雨云；随后，狂风暴雨大肆喧嚣，也为南海的降雨量添上了一笔。但过于激烈，终不持久，烟花一般的热烈过后，便是晴朗无云的好天气。夏秋季节的南沙群岛，便在这两种世界之间来回穿梭，"神经质"而又"真性情"。

　　南海气候最为显著的一大特点是季风，古时称之为信风。南海的风，灵活而又富于韵致。海洋与陆地相比，性情比较温和，升温慢，降温也慢，炎炎夏日气温较陆地低，隆冬时节气温较陆地高；温度高的地方，气压就低，而风正是从高气压流向低气压，所以在南海之上，夏天风从太平洋和印度洋吹向亚洲内陆，吹西南风，冬季则恰好相反，吹东北风；冬季的时候，海陆温差大，所以冬季风的风力比夏季风略大一点。

海流

空气流转，产生了风，而海水的运动，无论是水平运动还是垂直运动，都会产生海流。在影片《海底总动员》中，尼莫的爸爸所"乘坐"的到悉尼的"快车"，就是海流。它水平移动，身躯宽广深厚，绵延数千海里，大气磅礴，气势逼人，堪称海流里的"战斗机"。海流家族非常庞大，包括海风驱动的漂流、海面倾斜引发的倾斜流、海水密度差异引起的密度流、太阳和月球周期性引发的潮流。而且，海流每次出动，往往是几个家族成员同行，在浅海地区，潮流和漂流是最常见的搭档。

冬夏之间，风在南海与亚洲大陆之间一来一往。季风拂过海面，影响着海流的方向和速度，因而南海的海流也随着季节变化，被称为"季风漂流"。每年5~8月，西南季风盛行，南海便出现西南季风漂流。由于西南季风势力较弱，漂流的速度比较慢，每小时只有0.2~0.5海里，最多也不超过2海里。而在每年的10月份至翌年的3月份，东北季风控制南海，因而出现了东北季风漂流。强势的东北季风，激发了海流的"斗志"，它的流速一般是每小时0.5~1海里，最快的时候可达每小时3海里。4月份和9月份，季风稍事休息，失去引导的海流，迷茫前行、方向不定。

南海海流分布众多，自成一系。夏季之时，爪哇海部分海水通过卡里马塔海峡和加斯帕海峡流入南海，然后转流向东北，或经巴士海峡和巴林塘海峡汇入太平洋的黑潮，或经台湾海峡与我国东海融为一体。与此同时，北部湾、泰国湾和南海东部，各有局部小环流顺时针流动。这一切在冬季时全面倒戈，海水从东海沿同样的路径长驱南下，进入南海势力范围之后，受到东北季风的吹送，向南海西侧南下，行至南海中部后汇入爪哇海。此时，北部湾和泰国湾两处，局部小环流逆时针流动。除此之外，在南海东部，菲律宾苏禄海部分海水，通过民都洛海峡和巴拉巴克海峡形成一股自东向西的补支流。

棕榈树

当然，南海之中，"臣民"并非总是中规中矩，"冲流"就是其中之一。"冲流"与季风海流逆向流动，也就是"北风南流"，到达西沙群岛附近的时候激起汹涌的波涛，由于水温较高，形成"南海暖流"。当然，"冲流"并不与季风海流正面交锋，两者之间有一条流界，界线上两者擦肩而过、互不干涉。充分了解和利用"冲流"与季风的关系，对于航线的开辟和航海时间的安排大有裨益。

土壤和植被

空中俯瞰，浩渺的湛蓝波光之上，南海诸岛如同钢琴上舞动的琴键，在澄澈的阳光照耀之下，奏出缤纷色彩的交响乐曲，温婉动人。南海诸岛多为珊瑚岛，是绚烂的珊瑚死后，黏结贝类、鱼类等海洋生物的残骸，再加上鸟粪和植物的枯枝败叶，彼此相连而成。因而这里土壤的母亲不是大陆上常见的花岗岩、砂岩、玄武岩等，而是生物岩，也就是珊瑚灰岩、珊瑚砂岩，或者尚未凝固成岩石的珊瑚贝壳砂。珊瑚岛上的土壤与大陆上的不尽相同，它不粘手，钙质丰富，碳酸钙的含量为50%~95%。pH一般为8.5~9.5。不仅如此，鸟粪和植物还赋予这里的土壤丰富的磷、氮和有机质。西沙群岛上的磷质石灰土，表层之中磷的含量高达28%~30%。这是什么概念呢？一般来说，大陆上的热带地区砖红壤、亚热带地区红壤所含的磷不过0.1%，而西沙群岛土壤中的磷含量足足是它们的300倍！自然的馈赠，深深融入这片土地的血脉之中。

珊瑚岛虽然独特，却也脆弱。它地势低平，波浪不时拍打海岸，海水也始终悄悄浸润，加上岛上居民过度开采地下水导致海水倒灌，易溶性盐分渗入土壤内并不断积累，原本营养的土壤逐渐盐渍化，日日向盐碱地转化。当然，每逢下雨之时，一部分盐离子就会溃不成军，逃入大海。土壤未尝不能生长植物，只是幸存下来的沙质土中不但缺乏铁、铝、硅，也缺乏植物生长所需要的锰、铜、锌等微量元素，久而久之，许多植物的叶脉之间和叶缘变成黄色，这就是植物的"失绿现象"。这些植物并未枯萎死去，而是有一种能屈能伸的坚韧。这种独特的现象，只能在南海诸岛上觅得踪影，蔚为壮观。

⬆ 南海植物

一方水土养一方人，植物也是如此。南海诸岛之上，高等植物仅有40种，种类虽不算多，却别有风味。面积较大的岛屿之上，麻枫桐树十数株丛生其上，欣欣向荣，宛若蔚蓝沙漠中的绿洲，朝气蓬勃，煞是可爱。棕榈树在南海诸岛中则是鹤立鸡群。远望海岛之时，高达30米的棕榈树首先映入眼帘。椰子树爱"吃盐"，又不怕台风，所以一经人类种植，便铺天盖地成长起来，它们静静立于海岛之上，为往来的渔船和海轮指引航向；远航归来，看到它们的梢头，一股回家的暖意便在心中流淌开来。

南海诸岛上的野生植物，彼此之间海水横亘，种子要靠海鸟携带和海水漂流，因而只要有机会在岛上停留，便会马上扎根生长，并迅速占领全岛。南海诸岛植物群落就是如此演进和发展的，世代无穷，生机绵延。沙土之上，骄阳之下，这些植被之所以顽强地存活下来，也是由于它们顺应海岛条件，想方设法留住水分，比如发达的储水薄壁细胞，叶面有光滑的蜡质或者细密的绒毛等等。这也说明，困境之中，不抱怨，不放弃，尽力适应，方可凯歌长奏。

大美南海

碧波浩渺，南海无垠，
海岛或磅礴，或轻灵，动静两相宜；
海滨或浪漫，或雄奇，幽雅两相适；
自然保护区，海洋公园，交相辉映。
伶俐璀璨，绵长悠远，蓬勃鲜活，南海大美！

海岛风光

　　南海浩渺的碧波之上，岛屿一座一座出露水面，恍若海底对阳光最深的渴求、最真的敬仰。上川岛古朴沧桑，下川岛轻盈柔美，龙穴岛若有龙韵，南澳岛清丽活跃，妈屿岛灵气如岚，东海岛大气磅礴，东西玕瑁洲活力四射，涠洲岛极致交融……每座岛屿，气质各异，动静相宜，于南海之上谱就悠远的诗篇，字字珠玑，光华璀璨。

上、下川岛

　　广东南部海上，两座小岛伶然而立：古朴的上川岛和柔美的下川岛，相守相望，碧波如目光，仿佛穿越时间的诗意对话。群峦之间，听一曲折转的古韵；海天之中，打一网蹦跳的鲜鱼；椰林之下，数一下恋人的步子。在这里，放空思绪，且让时光消融……

南海双璧

　　广东省悠长的海岸线旁，北纬22°，澳门岛西南方58千米处，两座玲珑小岛安居南海之上，一个形似跳跃起舞的海狮，一个状如展翅飞翔的海鸥，两岛隔着荡漾的碧波，相守相望，被称作"南海双璧"。亚热带海洋性季风气候下的它们，性情温和，四季如春，年平均气温23℃；阳光、海水、沙滩谱就旖旎的海岛风光；猕猴穿梭嬉戏，耕牛漫步冥思，蝴蝶翩翩起舞，加上原汁原味的岭南民俗、神秘传奇的宝藏传说，上、下川岛更添了几分异样光彩，熠熠动人，海滨旅游如火如荼。

上川岛

 上川岛

相对相合

　　上、下川岛之间，虽然仅仅6千米，却仿佛相隔了一个世纪，风格迥然不同。上川岛如同一位历经沧桑的老者，下川岛则如青春柔美的少女。且看吧，上川岛上山石耸峙、大气磅礴，下川岛则是平静舒缓、温婉秀丽；上川岛上原始森林郁郁葱葱，下川岛上片片椰林风姿绰约。

↑ 上川岛

上川岛

　　上川岛有一个主岛，另有12个小岛众星捧月般环绕周围，恰若南海之上的一片碧叶粉荷，因而享有"南海碧波出芙蓉"之称。这片"荷塘"面积为136.3平方千米，养育着1.6万的人口，胸怀宽阔。坐落于东经112.46°、北纬21.41°的上川岛，与夏威夷大致处于同一纬度，加上四季常花、风光如画，因而又被称作"东方夏威夷"。

　　上川岛上，12处海滨沙滩晶莹细软，连起来长达30多千米，绵长徐缓，其中尤以飞沙滩、金沙滩、银沙滩三大沙滩最为出众，三者风情绚丽，放诸世界范围也毫不逊

↑ 上川岛

上川岛的历史

　　虽与大陆一水相隔，上川岛同样历经沧桑。早在600年前，明朝洪武年间，岛上就已经告别蛮荒，迎来人类；弘治十二年（1499年）时，上川岛建制，命名为"穿洲"'，或"上川洲"；光绪十九年（1893年）时，上川岛的名号得定。不甘寂寞的上川岛，曾一度是古代海上丝绸之路的重要驿站。简简单单的三部曲，穿越了600多年的历史，上川岛在美丽的外表之余，更添了深厚的人文历史底蕴，越发深邃迷人。

色：金沙滩和银沙滩原始自然，朴素优雅；飞沙滩面朝太平洋，海水清澈透明，水深只在1米左右，自是海滨浴场的理想之地。

沙堤渔港作为广东四大渔港之一，处处是规整的养殖网箱。倘若对海中的游鱼感兴趣，那不妨停泊于此，可以慵懒地观看，也可以出海捕鱼，体验跳荡碧波之中的渔人之乐。

历经沧桑的上川岛上，历史似乎触手可及。层叠耸翠之中，百岁老人散居村野，古朴的歌声一经响起，山峦之间回荡飘游，古韵如波纹般触及内心思绪。海岛北端的沙螺湾中，2万多亩原始森林安然生长，古木参天，林涛浩渺，穿行其间，鸟鸣上下，令人心思空灵，物我相融，宠辱皆忘。

下川岛

下川岛温婉和顺，面积不过81.3平方千米，人口1.8万。岛上椰树成荫，海风之中轻轻摇曳，姿态轻灵，而且遍地长满了绿色

⬆ 沙堤渔港

⬆ 下川岛

⬇ 沙堤渔港

↑ 下川岛王府洲玉女乘龙

王府洲

　　王府洲位于下川岛之南，三面奇峰环绕，素有"南海明珠"之称。这里沙滩绵长，椰树成林。作为省级旅游度假区的王府洲，食、住、游、玩一应俱全，还有空中降落伞、小快艇、橡皮艇等娱乐设施，如同精心建造的海上幻境，玲珑娇小，令人流连忘返。

植物，台湾相思树、竹树、芭蕉和木瓜树等都漂流至此，落地生根。且看这岛，层层绿意，仿佛一圈一圈的涟漪，自下川岛向海上荡漾开来，渐渐融入碧蓝的海水之中。盈盈绿意中，秀丽的山峦起伏有致；明媚的阳光下，明朗清怡，沁人心脾。下川岛身姿曼妙，风情海湾丽质天成，单是西部海岸就有牛塘湾、姊妹湾、大湾、竹湾和独湾，且个个风姿独特、可圈可点。漫步于下川岛上，抬眼便是绿荫，浓密阴翳；回望即是渔村，白墙青瓦，依山落座；远眺便得海滩，风轻云淡，水清沙白。下川岛上，时间消融，唯余浪漫和淡远。

↑ 南澳岛渔村

↑ 远眺南澳岛

南澳岛

南澳岛，清新脱俗之名，悠然淡远之风。碧海翠峦间，无数美丽传说广为流传；三港中心，海上互市，安卧海上，却晓经济之脉动；五流交汇，海湾曼妙，生物繁多，养殖亦是如火如茶。清丽如它，温润如玉；活跃如它，璀璨若珠。

位于东经116° 53′～117° 19′、北纬23° 11′～23° 32′的南澳岛，北回归线横贯而过，海洋性气候冬暖夏凉，年平均气温21.5℃，气候宜人。这里的空气十分纯净，每立方厘米含负氧离子4000个，比一般的城市高10~20倍；盛夏之时，在此消闲，清凉舒爽，浑然不觉暑气已至。

青澳湾

闽粤沿海一带，流传着一个美丽的传说。相传东海龙王的七个女儿偷偷溜出龙宫游玩，刚到南海，便见海上有一座小岛，岛礁环绕之下，大海化为平湖，水清沙白，山峦

青澳湾

秀丽，安宁纯美，便在此沐浴戏耍。临别之时，依依不舍，便抛下金钗以记之。这片海滩，便是南澳岛的青澳湾。那七支金钗便化作七座礁石，潮水退却，礁石显露，白日之中，恍若七颗星星，碧蓝的海水化作天空，相互映衬，仿佛海天之间的浪漫诗行；夜幕降临，海水沾染了夜的气息，化身为广袤幽暗的天空。宁谧的空气中，波浪呢喃声起，浪花绽放；朦胧之中，七颗星微光闪耀，正成"七礁缠星"之妙景。

青澳湾名字清丽，风骨亦是淡然悠远。长2.4千米的它，地质构造十分独特。海湾两边，岬角向内环抱海面，新月一般的海湾之中，沙滩浅而平缓，离岸150米之内水深皆不过1.2米。海水遇着青澳湾，早已为之神迷，不复平日的焦躁，只余平潮温柔荡漾。南宋的末代皇室，在陆秀夫的护送下，曾在南澳岛上避难，至今陆秀夫衣冠冢仍在青澳湾畔，安享南国风光，执著的忠诚之后便是永世的心安。青澳湾畔，草木葱绿，朝晖夕映，渔船往来，清新脱俗。置身其中，思绪化作一缕清风，早已与山与水融为一体，清朗明净，不惹半分尘埃。

宋井

云澳镇澳前村东南海滩上，宋井、景亭、太子楼遗址等簇拥而立，构成了风景区的主题景观。据记载，南宋景炎元年（1276），迫于元兵紧逼，当时的礼部侍郎陆秀夫等人，护送南宋少帝退经南澳，驻跸澳前村，因岛上人家少，便自行挖掘供皇帝、大臣和将士兵马饮用的"龙井"、"虎井"、"马井"三口宋井。700多年来，宋井时隐时现，现身之时，虽离大海仅10多米，古井仍然清泉不绝，而且清纯甘甜，因而被称为"神奇宋井"。目前 "马井"已呈现在世人面前，其余两个仍未现出庐山真面目。

↑ 宋井

金银岛

缥缈海上的南澳岛，流传着无数的动人传说。据说，400多年以前，沼安人氏吴平聚众为党，勾结倭寇，劫掠沿海，并且屡剿不除。吴平将劫来的金银分装成18坛，藏在不同的地方，并留下"水涨淹不着，水退淹三尺"一歌，哑谜一般，令人困惑。18坛金银所藏的地方，除了他之外，只有其胞妹知晓。一次，吴平询问妹妹，如果山寨被剿，选择随他逃走还是留守此地看管金银，妹妹回答愿意留守，吴平心中不悦。明嘉靖四十四年（1565年）9月，朝廷命都督戚继光、俞大猷联兵征伐，两者联军从水、陆两路围剿吴平寨，吴平见大势已去，便把妹妹杀死，并将尸首碎成18块，分别埋在藏金的地方，之后夺舟逃出海去。这18坛金银至今下落不明，而金银岛则可能是其深藏之地。

金银岛实为南澳岛一角，面积约为1000平方米，三面环海，岛上天然花岗岩堆叠，曲径蜿蜒，石洞散布，阴凉清爽。上有一亭，雨伞一般，亭前有一雕像，依照吴平之妹而刻，只见她一手抚着元宝，一手按着剑柄，一心守护宝物，神态美丽。据说摸一摸她手上的元宝，还会给人带来不少"财气"呢。在她身旁，怪石林立，上刻多位名家笔迹。

金银岛

↑ 南山寺

寺庙

　　南澳岛之上，"海、山、史、庙"共同携手，织就一片绚烂繁锦。岛上有30多处寺庙，其中尤以南山寺和云盖寺最负盛名。南山寺始创于明末，后经重修增制，面积已达1000余平方米。古刹坐东北向西南，雄伟恢弘，钟磬传声，古树参天，井水甘甜，幽深清雅。云盖寺原称三宝寺，宋朝时修建，明代重修之时改为云盖寺。1985年起由住持募资重建，并于2001年10月5日落成开光。这座千年古刹现已修葺一新，建筑面积约700平方米，有妙香亭，闲坐其中，清风徐来，可观宋井所在海滩之苍翠林涛，令人动容。全寺中心并非大雄宝殿，佛龛中主奉的也不是释迦牟尼而是观音，十分特殊。

区位优越，佳质天成

在粤东海面之上，南澳岛安然躺卧，成为传说的美丽化身。它虽然隐居海上，却并非与世隔绝，它离高雄160海里，离厦门97海里，离香港180海里。位于这三大港口中心点的南澳岛，距离太平洋国际主航线仅7海里，自古以来，便是东南沿海一带商船的必经泊点和中转站，早在明朝之时就已有"海上互市"的称号。如今，京九铁路、广梅汕铁路和南澳跨海大桥的建成通车，加上背靠汕头经济特区，更凸显了南澳的优越位置，纵然归隐世外，仍通晓世界经济之脉动。作为广东最靠近台湾的地方，它与台湾的交往源远流长，10万多南澳籍同胞现居台湾，而每年到南澳岛避风整顿的台湾船只，也占到广东避风整顿船只的1/3以上，加上两者语言相通，习俗相同，彼此亲厚自不必说。位置的优势，使南澳岛近水楼台先得月，而它曲折的海岸线，则为之更添璀璨芳华。南澳岛77千米的海岸线上，有大小港湾66处，其中烟墩湾、长山湾、布袋澳等7处，都有条件兴建深水港、开辟万吨泊位码头。陆地面积104.5平方千米、海域面积4600平方千米的南澳岛，蕴藏的能量恰如不可多得的璞玉，一经打磨，便会光华温润、令人心倾。

捕捞养殖两不误

位于闽粤交界处、韩江口外、台湾海峡西南口的南澳岛，一年之中，高温低盐的粤东所排淡水、低温低盐的闽浙沿岸水、高温高盐的台湾暖流西支水、高温高盐的南海表层水、低温高盐的南海低层水这五股不同属性的水系在此交汇，加上它包括37个大小不一的岛屿，礁盘也多，涌升流特别强，因而水中营养物质非常丰富，浮游生物的数量巨大自是不在话下。更为难得的是，不同的水系带来不同的生物种群，九曲回肠的地形更是为这里锦上添花。南澳海区之中异常喧闹，多种生物种群汇集于此，单是已经查明的，就有鱼类700多种、蟹类40多种、贝类500多种、藻类近百种，活生生一个海洋生物博物馆。

⬆ 南澳岛渔业

南澳岛附近海域中，可供开发的渔场达5万平方千米，其中不乏石斑鱼、龙虾、膏蟹、鱿鱼等优质高档水产品。这里的渔业，不存在作业的旺淡季，季节不同，带来的只是捕捞品种不同而已。复杂的地形，为鱼虾贝类提供了良好的藏身之所，但渔民们也毫不示弱，拖、围、钓、刺等"十八般武艺"，样样精通。如今，随着科技的发展，渔船日益机械化、电讯化、电子化，南澳的渔船越行越远，捕获量越来越高，南澳渔业的年产量现已达8万吨，出海的渔船，总能满载而归。

自然是位智者，既"授人以鱼"，也"授人以渔"。这里的"渔"不仅指捕捞，还指养殖。南澳岛沿岛区域中，水深10米以内的海域面积达165.7平方千米。海湾怀抱之中，水质上佳，浮游生物种群多，非常适合发展大规模海水养殖。人类并未辜负自然，如今南澳岛海水网箱养殖已达5000多个，鲍鱼、海珍珠和贝藻类养殖也已粗具规模。近年来，狮子湾的珍珠养殖场异军突起，一年可产半吨珍珠。南澳岛，也正如圆润饱满的珍珠，明朗璀璨，光彩夺目。

妈屿岛

妈屿岛玲珑娇小，面积只有约1平方千米，但却特别受神灵的眷顾。这里既有妈祖化神入海所遗留的妈印石、"一岛两妈宫"的独特景观，又有闽粤罕见的海龙王庙，以及俯视全岛的望海观世音。神灵们在此抛却了门第之见，彼此相安，共享静好岁月。

⬇ 妈屿岛风光

↑ 精美的老妈宫　　　　　　　　　　　　　↑ 放鸡山

一岛两妈宫

　　沿海渔民信奉妈祖司空见惯，但一座小岛之上，两座妈祖庙相邻而立，一古一新，香火交相辉映，还属妈屿岛的"专利"。

　　位于妈屿岛北面山麓的老妈宫，是元代渔民从湄洲祖庙请来香火创建的，是粤东沿海最早的妈宫之一。久远如它，"身世"曲折。明万历四十八年南澳副总兵何斌臣将它拓新，所撰碑记堪称妈庙史学瑰宝。之后的岁月中，老妈宫日渐损毁，咸丰十一年时重建，1928年加以重修，1993年"妈生"日重建落成，建成之后占面积335平方米，气势恢弘。古庙正殿之中，仍然存有始建之时的两根梭型石柱，如今可见石牌坊、大戏台、寿星石雕等，庙前还有两座雄鸡雕塑。这雕塑有段故事：长久以来，渔民出海之前都会来此拜祭，并带活鸡放生，久而久之，岛上鸡群满山，所以将妈屿岛称作放鸡山，倒是惟妙惟肖的写照。

妈印石

　　码头之上，一块黑褐色石头伫立其上，乍看似乎并无稀奇之处，它就是妈印石。不过可不要以貌取石，相传它可是妈祖化神入海时遗留下来的，而且无论潮涨潮落，总不会被海水淹没，非常神奇。

　　既已有一妈宫，为何还要大费周章新建一座？这就得问问妈祖了。传说，清光绪年间，老妈宫的香炉，一连三次滚落山坡，落在数十米远的地方，无缘无故，令人费解。人们猜测，也许是妈祖老地方住腻了，想换个新居。此时恰逢汕办洋行泉州人吴氏来此看地，闻听香炉是"自己飞来的"，便带头捐资，历经三年多，终于建成新妈宫，而且比古庙规模还大，并于1983年重修。重修之后，仍保留清代由100多块石雕石和规格石砌成的门壁，古风袭人，另有龙柱工艺超凡，嵌瓷艳丽精美，木雕巧夺天工。潮汕木雕、石刻、嵌瓷三大建筑艺术，汇聚于此，巧妙精致，令人叫绝。

海龙王庙

与妈祖庙不同，海龙王庙在闽粤一带比较罕见，它的出现，倒也沾了老妈宫的光。海龙王庙建于清初，是咸丰十一年重建老妈宫时所修建，就位于老妈宫戏台背后。它的重修，则要感谢一个梦。1988年，新加坡北海宫主持张德法，梦到海龙王请他回祖国修庙，便返回故乡福建，几经寻找，并无海龙王庙，而后听闻妈屿岛有庙，登岛一看，果真如此，于是带动108名华侨共同捐资重建，1989年11月2日重建完成。庙中，由著名嵌瓷世家传人许梅三及其儿子嵌制的双龙夺宝、花鸟等纹饰，是当代潮汕工艺珍品代表作之一，如同点睛之笔，令海龙王庙灵气倍增。

🔻望海观音像

望海观世音

在妈屿岛的山顶上，绿树掩映之中，有一高达12米的雕像，庄严端庄，巍峨而不凌人，仿佛整座岛屿的守护神。这座巨型石雕站像落成于1994年5月29日，由总重100余吨108块石雕砌成，重而不厚，形象动人，但见其左手持甘露瓶，右手执柳枝，拈露洒人间，正是要赐福于妈屿岛人，令人心神一清。

鸾凤朝牡丹

神灵何以如此青睐妈屿岛？因为它美，美得通透，美得韵致嫣然。妈屿岛东南面为一天然海水浴场，近100米长的月牙形海湾，水清沙细，舒展安逸。海湾两侧各有一座小山，名曰凤、鸾，山石嶙峋，姿态奇特；海滩中间，则有一座小小石峰，裂痕片片，恰似牡丹花瓣，因而得名"牡丹峰"。三者相拥而立，形成"鸾凤朝牡丹"之态，雍容华美，气度非凡。鸾山之上，立有"观海亭"，1962年由陶铸倡建，因而又称"陶铸亭"。另有醉潮楼，1983年，刘海粟于87岁高龄之时，题词"妈屿碧海飞白浪，天风海涛曲未终"，如今刻在醉潮楼前雕塑上。海水浴场海蚀岸石上还刻有赖少其颂妈祖诗、陈大羽《听涛》等绝笔，胜景配上笔墨，正似星月交辉、璀璨灵动。

流彩门户

　　曾几何时，前往妈屿岛需从汕头市区乘船，虽只需半个小时即可到达，到底是不太方便。直到1995年12月，我国第一座大跨度悬索桥汕头海湾大桥建成，妈屿岛恰好成为它的天然桥墩，并有引桥相通。如今，妈屿岛海湾，一侧为海湾大桥，另一端是礐石大桥，北为市区，东为柏嘉半岛，南为海滨路，夜幕落下，华灯旋即亮起，恰如印象派画家笔下连缀的笔触，流光溢彩。

汕头海湾大桥

东海岛

东海岛

雷州话、人龙舞，雷州风骨，东海岛独一无二；海沙浴、温泉池，海滩游乐，东海岛休闲安逸；龙水岭、龙海天，龙韵悠然，东海岛大气磅礴。"湛江八景"其一便曰"东海旭日"，实至名归。

东海岛面积约为401平方千米，是广东省第一大岛，也是我国第五大岛，是我国与太平洋、印度洋沿海国家以及欧洲海陆的重要交汇点，也是我国大西南金三角经济区的进出口咽喉，区位优势非常明显。

1958年，东海岛与大陆之间兴建了东北大堤，长6820米，宽8米，两侧筑有石块砌成的防波堤，汽车在其上通行自如，气势浩大，蔚为壮观。立于大堤之上，湛江海湾诸般风貌一览无余，郭沫若先生曾题诗赞之曰："红日沧波春浩荡，利民福国颂无疆。"

雷州风魂

处于雷州半岛东部的东海岛，带有鲜明的"雷州文化"特色，在这里，日常交谈通用雷州话，娱人娱己靠的是雷州音乐、雷剧、雷歌，以及"东方一绝"——人龙舞。雷州风魂已渗入东海岛每个细胞之中，使其独特，赋其个性，让其熠熠生辉。

雷州方言是广东四大方言之一，属于闽南语系一支，是我国大陆最南端的方言，它在雷州半岛地区畅通无阻，借助它来交流的人数达600多万，其中就包括东海岛人。

雷州话特别，但终非东海岛独有，相形之下，人龙舞则是东海岛独一无二之精魂。它的故乡就在东海岛东山镇，诞生于明末清初。这种民间大型广场表演艺术已经流传了300多年，仍旧魅力不减。2006年人龙舞入选首批国家非物质文化遗产名录；"2007中国湛江东海岛人龙·沙滩旅游文化节"开幕式上，包含成人和孩童在内的188名表演者共同创作的"东海岛人

🔺 东海人龙舞

🔺 东海人龙舞

龙舞"，长达76米，气势恢弘，被载入"上海大世界基尼斯之最"；2008年，东海岛人龙舞还参加了北京奥运会的开、闭幕式表演，向世人展现了龙图腾穿越时光的悠久魅力，撼动人心。不过"人龙舞"并非千篇一律，它其实非常灵活，表演的人数可多可少，少则三四十人，多则三四百人。表演所用的龙分龙头、龙身、龙尾三部分，龙头是整条龙的精髓，由一个彪形大汉身负三个小孩组成，分别代表龙角、龙眼和龙舌，神气十足；龙身作为龙的主体部分，人数最多，穿黄色或青色服装，龙随之化为黄龙或者青龙。锣鼓响起，演员们踏着节拍舞动，但见龙头昂扬、龙身翻滚、龙尾摆动，活灵活现，神威万丈。

龙韵海天

水清沙白，于遗世独立的海岛而言，似乎并不稀奇，但东海岛旅游度假区，澄澈的海水徜徉云下不说，平日不起眼的海沙，更是富含对人体有益的矿物质，来一次沙浴，松软洁净的海沙，呵护游人的肌肤，皮肤病自是退避三舍。度假区不同于自然荒野，它如同大家闺秀，优雅秀丽，干净清爽；难得的是，度假区里恰有丰富的地下温泉，因而宾馆和别墅内都有温泉浴池，舒展身心，泡入其中，大地的暖意一丝一缕融入自身，惬意空明。于椰林清吧园中，咂摸着美味小食，感受着习习海风，观赏着浩淼碧波，自是心旷神怡。然在海滩之上，悠闲之余，更添活力，轻型飞机、空中拉伞、海上摩托艇、香蕉船、沙滩跑车等游乐项目，琳琅满目，碧海蓝天之间，纵情体验一把，真真欢乐舒畅。

浑然天成的度假区中，龙海天旅游区光芒尤为璀璨，它位于东海岛东部，由山峰、坡谷、丘陵、沙滩、绿林构成，碧波万顷，56里银沙，56里绿树，气象万千，气势磅礴。

龙海天沙滩

龙海天沙滩

龙海天沙滩，俗称龙海滩，单听名字便是不凡之辈，它长28千米、宽150~300米，经世界旅游权威部门评比认定，仅次于澳大利亚的黄金海岸，是世界第二长滩，也是中国第一长滩。如今，刻有"中国第一长滩"字样的大石已安落此处，叙说着它的自信和它的大气。

硇洲灯塔

从东海岛上向对岸望去，便可见一灯塔亭亭立于硇洲岛上，其下海拔81.6米的马鞍山托得它分外惹眼。硇洲灯塔是1898年法国殖民主义者拆掉原来的石塔所建，高23米，底直径5米，顶直径4米，与伦敦灯塔、好望角灯塔一道，为目前世界三大灯塔，而且跟金字塔一样，它是由石块一块块叠加而成，并未用泥浆等黏合物，但仍旧衔接吻合，坚实牢固。

硇洲灯塔还是目前世界上仅有的两座水晶磨镜灯塔之一，400千瓦的荧光灯光束，被水晶棱镜以不同的位置、不同的角度折射交织，最后汇集在两片凸透镜上，以水平方向射出，射程可达26海里，为归航的船只指明回家的路。观赏完灯座室内精巧的光线折转，不妨登上瞭望台。立足于此，南海茫茫，尽收眼底，深深浅浅，莫不是海洋谱就的乐章，或深沉，或悠扬，相合相叠，灵动婉转。

硇洲灯塔

东、西玳瑁洲

碧波之上，东、西两岛如同玳瑁，"波浮双玳"，穿越时光之胜景；海水之中，多彩珊瑚如同森林，生物云集，冲破色彩之界域；潜水、翱翔、摩托艇、香蕉船，动力十足，释放身心之束缚。东、西玳瑁洲，快意四方游！

波浮双玳

宁静的三亚西南海岸附近海面之上，两座小岛东西相对而立，恰如碧波之中鼓浪前行的两只玳瑁，加之此地盛产玳瑁，因而被称为东、西玳瑁洲或大、小玳瑁洲。两座小岛的面积，分别为1.3平方千米和2.6平方千米。纤巧的它们，于清晨雾霭之中若隐若现，仿佛缥缈绰约的海上仙子，曳人心旌。东岛、西岛虽在海面之上"孤悬海外、四无毗连"，水下却是温情脉脉、相牵相依；而且它们同三亚本是同根，地层构造十分一致，但由于位于西太平洋地壳构造不同发展阶段的大陆边缘区，两岛的命运自是云诡波谲，转瞬之间，大地撼动，波涛翻涌，峰峦摇身一变，化作两座小岛，再经沧桑流转，始成今日之样貌。

东、西玳瑁洲的传说

关于这两个小岛，还有一个传说。很久之前的一天，潮水猛然上涨，逐渐吞噬了岸边的庄稼和住所，一名勇士见状，奋力举起两座大山，堵住了肆虐的海潮，百姓得到解救，东、西两岛自此形成，虽是传说，倒是颇合两岛峰峦海岛的身份，两岛之中面积较大的西岛，是海南第二大岛，相比默默无闻的东岛，开发得更多，风头更盛。

🔽 波浮双玳

↑ 玳瑁

↑ 西岛沙滩

海洋生物的桃花源

西岛远离城市喧嚣，沙滩洁净，海水澄澈，加之温度适宜，因而环岛海域之中，挑剔的珊瑚也来此安居，绘出绚丽画卷的同时，吸引来了大量热带海鱼。在此聚居的热带海洋生物之中，有位经常出没珊瑚礁的"大人物"，它便是大名鼎鼎的玳瑁，又叫文甲、十三棱龟等。虽然玳瑁是海龟的一种，但着实没有慢条斯理、慈祥和善可言，它可是海洋之中凶猛的肉食性动物。玳瑁体型较大，体长60~100厘米，体重为45~80千克，主要捕食鱼类、虾、蟹和软体动物，也吃海藻。为了追逐食物，玳瑁练就了较快的游泳速度，而部分食物的坚硬外壳，则使它拥有了一副"铁齿铜牙"，无论蟹壳还是软体动物的外壳，只要遇上玳瑁强有力的上下颚，就得败下阵来，粉身碎骨。不过，凶悍如斯，倒是光泽鲜亮，不失为西岛一道亮丽的风景线。

动感天堂

湛蓝的大海旁，细软的沙滩上，灿烂晶莹的阳光下，与同伴一起，打打沙滩排球，发动智慧，释放体能，酣畅淋漓。三亚湾怀抱中的西岛周边，水阔潮平，非常适宜海上运动，潜水观光、海上垂钓、拖曳伞、香蕉船、皮划艇等多项运动立体发展，交织成为一片海上繁锦。

西岛潜水

地处三亚国家级珊瑚礁保护区内的西岛，堪称潜水运动的天堂。尤其是西岛的西面海域，水深10~20米，海水清澈，能见度非常高，而且海底生物斑斓多彩，只消潜入海底，便可亲身领略鹿角珊瑚、冠状珊瑚的美轮美奂，狮子鱼、小丑鱼等热带鱼的绚烂多彩，海星、海葵、海胆、海螺等海洋生物的奇姿异态。

西岛海钓

碧波之中，一杆鱼竿，心无旁骛，当真是人生乐事。西岛的钓鱼俱乐部，是目前三亚最大最好的。就在西岛的东面海域之上，几个海上垂钓平台比肩而立；最大的一个面积达到200多平方米，可以同时容纳100多人钓鱼。平台上还有包厢和音乐茶座，于此品茗垂钓，此乐何极。况且，在垂钓平台周围海域，几万个人工鱼窝长期放置，鱼饵引来大批鱼群，海鲤、金鳞鱼、笛鲷等来来往往，络绎不绝。不会钓鱼？没关系，这里有专业的钓鱼师随时指导，而且钓上的鱼可以现场做成鲜美爽滑的美味。不仅如此，俱乐部还备有多艘豪华快艇，游客或游艇垂钓，或漂荡远海，正是"醉翁之意不在酒，在乎海天之间也"。

⬆ 海钓

拖曳伞、香蕉船、滑水、摩托艇

快艇轻巧快捷，是个多面手，由于它的尽心牵引，拖曳伞得以飞翔，香蕉船得以奔跑，滑水板得以滑行。穿上降落伞，系好拖绳，与高速快艇相连，随着快艇的加速，降落伞便可因空气阻力自海上平台升空，在空中绽放，浩瀚的天空之中，随意翱翔，融入蓝天碧海之间，俯瞰全岛，换种角度，景色别有风味，令人心旷神怡。香蕉船形似香蕉，坐在上面，前方由一艘快艇拉动；当快艇以50千米/小时的速度飞驰，波涛起伏之中，香蕉船俨然化作一匹千里骏马，奔驰在无垠的碧波之中，使人畅快。滑水运动近年来越来越受欢迎，快艇起航，滑水板漂于浪尖，舞之蹈之，令人神醉。同滑水一样，摩托艇运动近年来亦日益风靡，其集竞技、刺激、欣赏于一体，一旦发动，马达轰鸣，浪花飞溅，令人心潮澎湃。多样的水上运动，不变的是激情与活力！

⬆ 香蕉船

⬆ 拖曳伞

⬆ 南湾港

涠洲岛

　　火山喷涌，岩浆游走，冷却化为涠洲岛；珊瑚绚烂，碧海青恋，缥缈似南海蓬莱；诗韵沙滩，雪般灯塔，海陆之依恋，柔美嫣然。

最年轻的火山岛

　　在广西北海市正南21海里，北部湾的中部海面上，一座小岛如同一块弓形翡翠，娴静安然，它就是涠洲岛。这是我国最大也是地质年龄最年轻的火山岛。南高北低的涠洲岛，南面的南湾港是天然良港，它便是由古代火山口形成的。港口承袭火山口一贯风貌，状如圆椅，东、北、西三面为青山所环绕，东拱手和西拱手环抱，形成新月状海湾。港口码头背靠悬崖峭壁。崖顶之上，青松苍劲；峭壁之下，船只往来，时有水鸟掠过，轻盈如梦，水光接天，万顷茫然。海湾中有一座小岛耸立，与涠洲岛距离仅仅100米，有乱石小道相通，涨潮时小道即被淹没。这座小岛酷似一头匍匐着的小肥猪，眼睛、耳朵一应俱全，惟妙惟肖，称为猪仔岭，海湾绮丽之外，更添丰盈可爱。

　　涠洲岛西南端的火山口，曾经如此暴烈狂怒、令人惊骇，如今却已华丽转身，成为火山口地质公园，继而成为涠洲岛最主要、也是最富特色的景区，并于2010年被国家旅

涠洲岛概况

　　涠洲岛南北向长6.5千米，东西向宽6千米，总面积24.74平方千米，岛的最高海拔为79米。岛上充盈的阳光、灵秀的水土，滋养了1.6万多人口，其中75%以上是客家人。

⬆ 猪仔岭

滴水丹屏

游局评为国家4A级旅游景区。放眼望去，火山岩千姿百态，妙趣横生，尤其是火山口周围，岩石一层一层荡漾开来，仿佛是火山内心深处的悠悠心思。风浪一波一波袭来，岩石一阵一阵作响。火山的心思，穿透了岁月，跨越了温度，至今仍在蓝天白云之下展现着绝美的芳华。

南海蓬莱

　　火山沉稳，一朝喷涌，铸就浑厚熔岩；波浪灵动，日日轻蚀，雕出千姿万态。海蚀洞、海蚀沟、海蚀崖、海蚀柱、海蚀台、海蚀窗、海蚀龛，遍布涠洲岛海岸，妙不可言。岛上西港码头有巨型海蚀蘑菇。原是普通巨型石块的它，从整体山岩上分离出来，经过海水旋流冲刷剥蚀，最终炼成束腰纤纤的海蚀蘑菇。涠洲岛滴水村南岸边，有一绝壁，其上绿树成荫；岩壁层间裂隙时常有水溢出，一点点往下滴落，称为滴水丹屏。此处海滩细软，且为观赏日落的最佳位置。羞赧的夕阳，辉煌的晚霞，莫不在感叹：万千波浪，蚀去了岩石的平庸无奇，释放出它们的璀璨心魂，诚可谓妙笔丹青。

　　倘若火山赋予涠洲岛的是雄壮与沧桑，那活珊瑚带来的则是绚烂姿彩。涠洲岛年平均气温23℃，雨量1863毫米，夏日不灼热，冬风不凛冽。适宜的温度，清澈的海水，吸引来大量活珊瑚，生机蓬勃。火山、珊瑚静躁不同，两者齐下，令涠洲岛南、北两端迥然不同，南部雄奇险峻，北部平缓开阔，碧蓝的海水下，活珊瑚、海生物瑰丽灵动。充足的热量、明媚的阳光，温暖着无数花草树木，它们一个个吸饱了阳光，奋力生长，这海岛上便浸满了绿意，宛如温润的翡翠。熔岩、珊瑚、碧波、绿树，涠洲岛可不正如南海之上的蓬莱岛，缥缈若仙子？2005年，《中国地理杂志》评出的"专家学会组"奖项中，涠洲岛名列"中国最美的十大海岛之一"，其动人程度可见一斑。

↑ 火山口地质公园

↑ 涠洲岛五彩滩

↑ 石螺口

涠洲岛灯塔

五彩滩

涠洲岛有五彩滩，也称芝麻滩，沙滩上有大片大片的火山岩，每当潮水退去，便一层一层显露真容；较低的地方尚且存着没来得及退去的海水，一汪一汪相间分布，阳光照耀之下，映衬着湛蓝的天空；灿烂的朝晖夕阴，仿佛大海赠给土地的调色板，斑斓生动。

石螺口海滩

石螺口海滩的沙子富有灵性，艳阳之下，得令人难以直视，俨然是圣洁的代言人。不消说，阳光、沙滩、海水总能唤起浪漫的思绪，但这片海滩更多了些质朴的韵味。在这里，碧海与蓝天两相倾诉，渔民与游客两下相安。沙滩松软纯净，茅草棚稚拙粗陋，但正是这种冲突，引发了巧妙的融合——"美即是真，真即是美"，无须矫饰。这里还是涠洲岛上最佳的潜水基地，可以与潜水教练一起深入海中，像孩童般打量全新的水下世界。租把太阳伞和椅子，再来杯冷饮，放空思绪，只是闲坐闲观，岂非人生乐事？

涠洲岛灯塔

涠洲岛之巅，22米高的涠洲灯塔悄然伫立，似在翘首盼望远方的游子。1956年初次建立，2002年重建，精细考究。灯塔外贴着白色仿石砖，一眼望去，洁白胜雪；塔身间有玻璃水密窗，错落有致，皆为高级铝合金钢化玻璃制成，防水性能好，而且耐腐蚀；进入其内，灯塔内贴白色瓷砖，同样通体雪白，且有旋转楼梯，优雅曼妙，梯级铺贴红色花岗岩面层，也为清一色的白添了笔韵致；塔顶灯光射程可达18海里，夜间亮起，便化作那无声无息的召唤；塔上有瞭望台，在此极目远眺，全岛风光尽收眼底，游目骋怀，信可乐也。

涠洲岛天主教堂

　　涠洲岛天主教堂是一栋哥特式建筑，始建于清代同治年间。由于当时尚无钢筋水泥，因而建筑材料全是纯天然的，珊瑚、岩石、石灰，再加上点海石花和竹木，100多年来，风吹雨打，仍然美丽如初。这里原由钟楼、修道院学堂、医院、育婴堂组成，"文革"之后，只存教堂和钟楼；但这并不妨碍它的魅力，除熙熙攘攘的游人之外，还有2000多信徒，每逢周日便来此做礼拜，毫无冷清之感。

⬇ 涠洲岛天主教堂

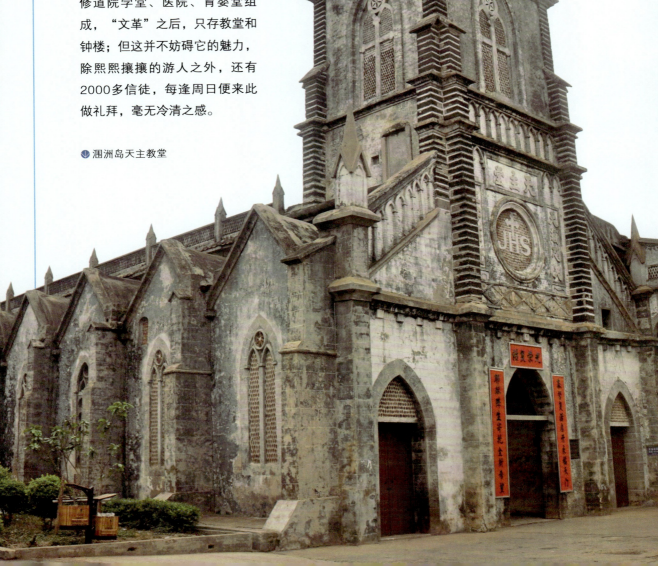

海滨景区

　　海南周身，水清沙白，生灵欢悦；潮阳海门湾，"抗战"伤痛依稀，海门渔港怒放；珠海海滨，古典华夏之殇，今朝浪漫之光，相融相合；汕头礐石，雄风千里，奇石妙态，山清水秀，幽雅沁心；湛江海滨，湖光镜月，长廊观海，寸金浩气，南亚奇园交相辉映；合浦古城，文物古迹遍布，诉说苍茫往昔；山水绿树相依，水润灵秀。南海海滨，绵长悠远，沾染着南海的浩渺心怀，渗透着山水石木的苍郁精魂。

海南岛海滨景区

　　海南岛上，海湾悠然躺卧，宁静舒展，像是海岛沉静甜美的梦境。在这里，天空碧青如洗，海水湛蓝澄澈，椰林葱翠颀长，沙滩洁白细软。最为纯净的颜色、最为美妙的姿态，相互映衬，相互交织，宛若大自然的画廊，记录着转瞬的灵感与美妙。

↑ 亚龙湾

亚龙湾

在三亚市以东20多千米的地方，一片海湾三面由群山环抱，青山隐隐配上一泓碧水，宛如潟湖一般。半月一般的海湾中，山水相映成趣；晶莹的阳光之下，携手共同徜徉，它便是亚龙湾。亚龙湾全长约7.5千米，绵长如它，依旧平缓宽阔，浅海区宽达50~60米，而且海底皆为泥沙，没有凌厉的石块，分外温柔细腻，衬上能见度7~9米的清澈海水，纯净无邪，仿佛初生的婴儿，因而素有"天上银河称仙境，地下崖州亚龙湾"之说。这里年平均气温为25.5℃，最热的7月份平均温度也不过28.3℃，海水温度则为 22℃~25.2℃，温和如它，全年均可畅游其中，无怪乎被称为"天下第一湾"。亚龙湾东侧野猪岛以北的海中，热带鱼轻盈穿梭于珊瑚丛中，恍若海南岛跳跃的音符，绚烂鲜明。

↑ 亚龙湾

↑ 海南

大东海

一湾形如月牙，向大海伸出两只臂膀，文雅秀丽，它便是大东海，与亚龙湾有着相似的气质。大东海"水暖沙白滩平"，早已享誉海内外。水暖，可不是吗？即使是在冬天，这里的海水温度依然达到18℃。在这里冬泳，少了龇牙咧嘴，多了舒爽自在。游泳累了？躺在身姿轻曳的椰树之下，让眼睛旅旅行也好。看吧，白沙细细融融，海浪轻舒漫卷，帆影片片如羽；海风习习吹来，心中不禁会担心这幅画卷会被风吹起。休息好了，又想尝一尝沙滩的乐趣？去吧，脚丫踏上细软的沙滩，逐一逐雪一样的浪花，捡一捡扇一样的贝壳，再弄弄碧潮，挖挖螃蟹，垒垒沙塔，在大东海，无须思考，唯一要做的，只是跟着感觉走。

清澜港

自古以来，清澜港都名列文昌八景之一，港湾之内，海面辽阔，烟波浩渺，四周土地平旷，皆为耕地、灌木和林地，尤其是浓密的椰林和红树林，宛若翠盖亭亭，为港湾笼上浓翠的绿荫，附近的海中一年四季海鲜不绝。海滨的文笔塔挺拔清丽，建于清光绪年间（1875~1908），登临其上，俯瞰港区风光全貌，缥缈若仙。

风侵海蚀，石亦涵韵

海风徐徐，送来了凉爽，疏散了沉重，同时也一日一日剥落着岩石；海波荡漾，激出了雪浪，奏出了轰鸣，同时也一下一下侵蚀着岩石。海与风的携手，辅以地球不经意的脉动，令海南岛上的岩石也有了灵韵，眉目生动了起来。

三亚大东海

↑ 南天一柱

天涯海角

　　三亚湾的沙滩之上，众多奇石或立或卧。其中，一块浑圆巨石之上，刻有"天涯"两字；旁边的一块卧石之上，则镌有"海角"二字。如今看来，浪漫奇异，但在古时，表达的却是一段凄凉。古人被流放至此，目之所及，皆为茫茫海面，再无归期，心中怆然，不禁生出"天之涯，海之角"的感慨。彼时，"天涯海角"四个字叹出的不是期许，而是幻灭。两石旁边，另有"南天一柱"等巨石，雄壮霸气；再放眼望去，前方海水波光浩渺，帆影翩翩，后边山峦椰林葱郁，灵秀如诗。天涯海角，早已褪尽古时的凄凉，翩然化蝶。

大小洞天

　　崖城东南海滨的鳌山（南山）之下，千米长的海滩之上，一组礁石安然蔓延。礁石由于海浪侵蚀，形成一座洞府。洞内遍布礁石，或如石船，或如蛤蟆，或如河马，或如大象，一个个惟妙惟肖，各成景致，这便是"大小洞天"，古时称为鳌山大小洞天。所谓"山不在高，有仙则名"。小小洞天，或传有神仙出没，或传有高人名士在此羽化登仙，为小洞天笼上一层神秘的光环。神秘往往激发灵感，历代文人学士，但凡来此，多不吝啬挥毫题刻，现存的"小洞天"、"钓台"等石刻已经见证了700多个春秋流转。1962年郭沫若游览此处时，对山光海色赞叹不已，在《游崖县鳌山》一诗中便誉之为"南溟奇甸"。赏完奇石，沿着崎岖小路，便可登上鳌山顶峰，视野顿开，正是"何处风光不眼前"的"海山奇观"。青峦、怪石、奇洞、蓝天、碧海，各司其职，相依相衬，正是多一分则不及、少一分则稍逊，纤浓合度，分外迷人。现在这里已经被国家旅游局评为国家5A级旅游景区。

↑ 小洞天

↑ 天涯

↑ 海角

鹿回头

海浪侵蚀的岩石，遇到陆地的上升运动，也会出现在半山腰或者山顶之上。当年的海岸鹿回头，如今已是一座山岭，从东北向西南延伸，而后折向西北，雄浑峻峭，恰如一只立于海边回头观望的坡鹿。单是奇特的形状还算不得稀奇，鹿回头可还是"南海情山"，何以然也？一切源自海南黎族流传的一个美丽传说。古时一黎族青年不畏艰险，翻山越岭，追逐一坡鹿，直至南海之滨，坡鹿走投无路，山崖处回过头来，目光清澈哀婉，青年为之所动，放下弓箭。那一瞬，坡鹿于突然升腾的烟雾之中走出，变为一位美丽的黎族少女，两人就此结缘，相亲相爱结为夫妻，并定居在了这里，故而称之为鹿回头。陈毅元帅听闻此说，心有所感，提笔写就《满江红·鹿回头》，词中曰："饮水常来，花鹿好，徘徊一角。惊追逐，回头一顾，扑朔迷离。转瞬化作仙女去，晴空为奏钧天乐。"这一传说也激发了林毓豪先生的想象力，终成雕塑"鹿回头"。作为海南全岛最高的雕塑，它已经成为三亚的城雕，因而三亚也有"鹿城"之称。在这275米的高度上，5千米外的三亚全市一览无余，三面碧波，一枕青山更是悠然淡远。山岭之下，椰林摇曳，槟榔婆娑，垂挂而下的红豆树更是万绿丛中几点红，分外生动，备添情致，恰如郭沫若礼赞中所言，"红豆春前熟，青山天际燃"，或如叶剑英元帅所书，"到鹿回头滨海处，红豆离离，占断天涯路"，意境深挚。

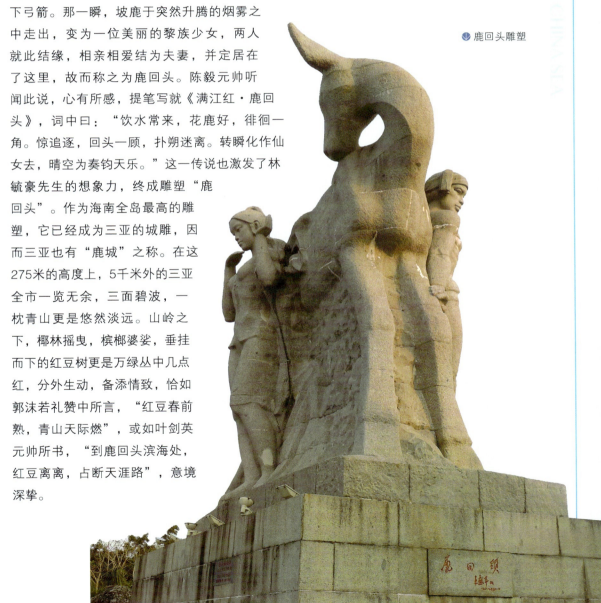

🔻 鹿回头雕塑

五指山

"不到五指山，不算到海南。"作为海南岛的第一高山，五指山海拔足有1867米，倘若孙悟空当真被压在此五指山下，恐怕就难以翻身了。五指山除了奇特的五指形态之外，满山遍布热带原始森林，粗犷自然，苍翠欲滴，加之四季如春，空气纯净，因而有"翡翠山城"之称。这里还是著名的蝴蝶牧场，600多种蝴蝶中70%为观赏性的，鲜亮梦幻。

佳木阴翳，生灵欢悦

海南岛孤绝海上，历史上少有人至，加上它独特的水土气候，海南岛民的悉心保护，许多珍稀动植物得以繁衍生息。如今，海南岛单是自然保护区就有40多个，可供观赏的热带花草树木约达200种，一级保护动物13种，二级保护动物36种，海南岛每个细胞都充满了勃勃的生机，万物各得其时，令人心思也随之跃动。

红树林

红树林是热带、亚热带特有的海岸植物，伴随海水涨落，或动于水面，或亭亭然出水，树冠葱绿，花朵艳丽，果实甜美，奇异且又赏心悦目。海南岛的红树林种类很多，占全世界23个科中的16个，其中有8个科为海南岛所独有。如此珍贵，自然要精心照料。目前海南岛有两处红树林保护区：一在琼山东寨港，一在文昌清澜港。面积3万多亩的清澜港红树林保护区，共有红树植物15个科24种，在全国的红树林保护区之中，数它品种最多。从清澜港逆水而上到达文城镇后，便可看到浩浩荡荡的红树林。它们或生

↑ 五指山

↑ 清澜红树林

长于海水渗透的河口，或植根于泥沙沉积的珊瑚礁上。红树林中，小白鹭、牛背鹭、野鸭、大天鹅、小天鹅等鸟儿云集，啁啾之声终日不息，热闹非凡。红树林周围的海水中，石斑鱼、遮目鱼、毛蟹、对虾等水生动物自在畅游。无怪乎清澜港红树林保护区又被誉为"稀世的海上森林公园"。

东郊椰林

文昌清澜港沿岸，是海南也是我国最大的椰林区。自文昌县到崖县数百千米的海岸带上，8万多亩、120万株椰树迎风摇曳，郁郁苍苍，蔚为壮观，故而得称"椰乡"。其中，尤以东郊椰林佼佼出众，正所谓"文昌椰子半海南，东郊椰林最风光"。步入东郊椰林，但见椰树或大或小，或高或矮，或直或弯，错落有致，漫步其间，但觉海风习习，沙沙的林涛声中，时不时伴有不远处海滩上、海水中游人爽朗的笑声。日出日落之间，椰风海韵徐徐绽放，气度如虹。

南湾猕猴

猕猴爱热闹，喜喧哗，无论是晴是雨，都栖在枝头，姿态轻盈灵活。1965年，陵水县南湾半岛上，建立了驯养猕猴自然保护区，至今仍是我国唯一为保护这种二级保护动物而设的自然保护区。1.4万亩的保护区中，猕猴已由最初的60只繁殖到了现在的23群1000多只。由于这里的猕猴已经过驯化，每天上午9点、下午4点都可以召唤它们吃饭。游客来到这里，可以近距离地观看猕猴进食的场景，它们略带警惕，但仍不失时机地相互争抢，着实可爱。

↑ 猕猴

东郊椰林

潮阳海门湾

低调的海门湾，北起海门角，南至贝告角，坐落在潮阳市东南部、练江出海口处。海门湾两端岬角均为岩岸，其余部分皆为沙岸，湾东北、西南近岸岛礁密布。岛礁簇拥之下，海门湾中，立有一葱翠山峦，五块大石上裂下合，仿佛莲花的五个花瓣，因而称为"莲花峰"。莲花峰作为典型花岗岩丘陵地貌，就发育在海湾岬角上。山下的海滨沙滩云水相映，舒缓安然，峰的四周则是花岗岩断裂节理形成的崖壁和石柱，摩崖石刻依之成片绽放且风姿各异，俨然一座笔墨花园。立于莲花峰顶，观日出日落，看海面之上，浮光耀金，甚是壮观。

↑ 海门湾

↑ 莲花峰石刻

莲花峰石刻

莲花峰上，有古韵，有波光，还有伤痛的记忆。1939年8月21日，日寇入侵海门。由于海门港是潮阳市的主要港口，可以通航汕头、厦门、广州、香港等地，因而日寇大力封锁海湾，不准渔民出海捕鱼，海门民众自然不满，群起反抗，无奈日寇势大，大肆烧杀抢掠，烧毁民居1400多间，渔船466艘，民众或被杀害，或被饿死，遭受了历史上最大的劫难。1945年抗日战争胜利时，原本5万多人的海门港，竟只剩下1.8万多人。至今，莲花峰下，仍存埋葬当年死难同胞的万人墓。墓后绿树婆娑，墓前芳草萋萋，惊涛拍岸，时而呜咽，似在哀悼这些亡魂；时而澎湃，似是悲愤深沉的呐喊，令人心中悲恸。

大难不死，必有后福，历经劫难的海门，如同浴火之后的凤凰，不但未惹尘埃，反而光华日增。现在，海门湾已建成现代化的国家一级良港，海门渔港，也成为广东省四大渔港之一，并且是东南沿海水产品集散中心之一，年水产交易量逾十万吨。不仅如此，每年还有成千上万的游人，从全国各地和海外前来观光。在这里，沐浴清爽的海风，聆听涌动的波浪，遥望归来的渔人，欣赏悠然的田园。"无丝竹之乱耳，无案牍之劳形"，恰似陶渊明笔下的世外桃源一般，心中怎能不畅快淋漓，诗兴大发？因而海门湾成了众多诗画的主角。1962年，老舍游览莲花峰时，就曾赋诗两首。其一："遥怜信园此峰头，水黑云寒望帝舟。今日红旗明碧海，神州儿女竞风流。"其二："饮露餐明霞，青莲十丈花。海门潮起落，万古卫中华。"1983年，刘海粟虽已是87岁高龄，仍专程来访海门湾和莲花峰，绘就一幅《天风捲海图》，并题诗曰："初画莲花意气雄，裂壁擎天第一峰。八七年华犹未老，拿云海门揽天风。"笔墨丹青，使海门湾之美再添蕴秀。

⬆ 文天祥雕像

莲花峰与文天祥

大石何以裂为五瓣？据说，公元1278年，南宋丞相文天祥率兵抗元，屯兵海门，眼见无限江山一点一点落入敌手，心中抑郁，便登上这座山峰，极目四望，看到海湾美丽宁静，心中更为痛惜，于是一跺脚，仰天长叹一声，没想到山峰上的大石就此裂开，恍若莲花瞬间绽放。文天祥与莲花峰确有不解之缘。据说莲花峰石刻中的"终南"二字就是文天祥用长剑所刻，而且这里过去就建有文丞相祠，后来名字曾改为忠义庙、莲峰书院，如今仍辟为文丞相祠，供世人瞻仰。来此游览之人，有感于文天祥的爱国丹心，于是在门庭之间留下许多古今对联，以抒怀古幽情。

⤒ 珠海　　　　　　　　　　　⤒ 崖门古战场

珠海海滨景区

珠海一市，海岛一百，素有"百岛之市"之称。这座海滨花园，既蕴古典华夏之殇，又露今朝浪漫之光——珠海渔女袅袅婷婷，香炉湾如月温婉，石景山奇石傲然，飞沙滩悠长缥缈。

崖门观潮

珠江入海八门之一的崖门，东有崖山，西有沟瓶山，两山对峙，其间珠江奔流，形势险要。崖门外有石横江，潮水奔涌至此，遭到阻挡，暴怒之下，浪花飞溅，浪涛滚滚，气势磅礴，形成新会一景，称为"崖门观潮"。风光雄奇，却是当年 "崖山海战"的战场。立于崖门，听着澎湃的潮水，旧日的惨烈与辉煌涌上心头，令人唏嘘。如今，千年的珠江沉积，也造就了美丽富饶的崖门湿地，物种生态上更胜著名的西溪湿地。硝烟和战火，夺不走生灵的蓬勃生机。

那是南宋末年，宋军抗元最后一次有组织的抵抗战役。相传宋、元双方共投入军队30多万人，然而宋军终究无力抵抗，南宋丞相陆秀夫见回天乏术，背着南宋少帝赵昺跳入大海，随行的10万多军民群龙无首，亦相继跳海自杀。据《宋史》记载，七日之后，10万多具尸体浮于海面之上，非常惨烈。此战之后，宋朝覆灭，曾经高度发达的政治、经济、文化制度随之没落，皇权开始受限的苗头就此扼杀，元朝及之后的明朝都走上了更为集权、更为保守封闭的道路。

渔女香湾

　　珠海之滨，有一半月形海湾，过去渔民皆从此处登岸，到石景山香炉洞参拜，因而得名香炉湾。碧海银滩的香炉湾，与珠海市海滨南路之间，为海滨公园。它北起犀牛望月山，南至海景路，东至菱角咀，南距澳门5千米，海滨路蜿蜒其侧。就在海滨公园一块岩石之上，一座巨型石雕引人注目。但见石雕女子身捎渔网，裤脚轻挽，双手高高擎举一颗晶莹璀璨的珍珠，表情欲喜还羞，质朴美丽，动人心弦，那便是珠海的标志性建筑"珠海渔女"，我国第一座大型海边雕像。

浪漫曲折的故事，衍生出一条情侣路，它长达15千米，沿着香炉湾畔，绵延舒展。漫步其上，遥望可见珠海渔女，婚嫁花车更是必经此处，珠海渔女俨然已经化身为见证幸福婚姻的爱情女神。

飞沙踏浪

珠海西部高栏港的东南处，有一飞沙滩，它长约600米，宽约200米，绵延平阔，沙质洁白松软，更有木麻黄、大叶相思、椰树、浪鼓等亚热带树木，欣欣然生于其旁。最为奇特的是浪鼓树。它们生长在海边，结果之时枝丫之间挂满圆圆的果实，红中泛黄，颜色绚丽，酷似菠萝，因而也称为野菠萝，鲜亮的果实缀在浓密的树丛中，像是悠扬的音符，精灵般煞是可爱。飞沙滩沿岸皆为青峦，夏季雨过天晴，便会有白雾浮游于山间，恍若山峦美丽的叹息，轻盈缥缈。当然，飞沙滩的当家花旦还属飞沙奇景。且看，白沙仿佛长了腿脚，逆坡而上，形成一条巨大的沙带，恍若飞天女神的衣袂，悠长婉转。飞沙滩一侧的桃花溪中，6亩左右的红树林苍翠蓊郁，映得山水明秀欲滴。当然，飞沙滩除了天然的美景，还有精致的飞沙滩水族馆，更可游玩一番，冲冲浪，弄弄潮，垂垂钓，打一打沙滩排球，当一回草帽渔民，要么就乘一乘香蕉船、橡皮艇、动力伞、水上摩托车，再不就潜入海底。总之，足以随心而动，大显身手。不仅如此，它周围的邻居也是个个出众，大飞沙、西沙湾、白沙湾、蟹钳湾、三浪湾、西枕湾和汶洲岛都即将建为特色浴场，到那时，此处可谓群星璀璨。

珠海飞沙滩

🔵 飘然亭

汕头礐石

汕头港南侧，有一风景区怪石突兀，相汇成趣，称为礐石景区。"礐石"二字，形貌上便似岩石繁多，在意义上又描摹了大石耸立、风浪击石之貌，精当准确，妙趣横生。景区内，"海"、"山"、"石"、"洞"交相辉映，"雄"、"奇"、"秀"、"幽"四大特点鲜明亮丽。

雄风千里

礐石风景区与汕头市区隔海相望，韩江、榕江、练江三江汇流至此，奔流出海口，坐拥碧海三江，浩荡不凡。从海上观望礐石风景区，恰如大海露出的精巧心思，而且三江之水融入，海竟可分为两色。郭沫若1965年到礐石，在客轮之上，见此奇观，于是挥毫作诗曰："礐石诚多石，汕头一望中。遥思鼓浪屿，想见桃花江。海色分为二……"而立于120米高"鸡冠峰"巅飘然亭中，"飘然远眺"，碧波苍茫，横无际涯，朝晖夕阴，气象万千，对岸的汕头市区亦是尽收眼底，正有塔山摩崖石刻的"海纳三江，气吞百粤"、"春潮八百里，南国第一州"之境，令人浑然不觉；云雾缭绕之时，更是缥缈若仙，换一种角度，风光迥然

"宫鞋石"的传说

民间传说这里原本是一个莲池，一天晚上，一位仙女下凡游玩，路过此处，恰逢明月皎洁，莲花沐着清辉，分外清丽迷人，陶醉之下，脱下宫鞋，濯足戏水，不知不觉，天已近破晓。晨鸡报晓之时，仙女猛然醒悟，由于怕犯天规，匆忙返回天庭，宫鞋却落在了这里，化为"宫鞋石"。

↑ 垂虹洞

不同。 风景区内，43座山峰层层叠叠，塔山、焰峰、笔架山、香炉山相依相拥，高低错落，气势磅礴，俨然有"云翻峻阁千层浪，袖拂兰台万里风"之势。

奇石妙说

磐石风景区地貌多为花岗岩丘陵，长年累月的风化之后，花岗岩或变成形态各异的石块，坐落于山顶、山腰缓坡或者山沟凹处，除特异的外形之外，也使人顿生柳暗花明之感，塔山之中的"云衢天街"便是如此；或雕镂成洞成穴，环环相扣，迂回曲折，"桃源洞"、"龙泉洞"等皆属此类，正所谓"山岩多胜景，洞府独称奇"。磐石风景区内，奇石数不胜数，比如石莲花、苍鹰浴日、巨蟒朝阳、妙笔生花等；形态奇异之余，还激发了人们的想象，引出了动人的传说，比如"宫鞋石"。

幽雅清凉

洞穴之中，幽冥而不知其所往，磐石风景区中，众多巨石，或因地壳变动，或因风浪侵蚀，形成了许多天然花岗岩洞穴；除此之外，人们也曾加以开凿，一时间，自然洞、狮岩象岩、桃源洞、白兔洞、龙泉洞、通天洞等等，竟像是漫山遍野的春花一般，灿灿烂烂，浩浩荡荡。花岗岩洞与溶洞不同，它是由怪石叠加而成，少了藕断丝连，多了干脆利落，通风透亮，别具一格。盛夏之时，进入洞室，幽静清凉，透人心脾。自桃花洞溯流而上，便得垂虹洞。它是1986年新开辟的，洞长1200米，石阶1500多级，19个高低自得的洞府，彼此相连相扣，百曲回转，似是磐石所诉的一番衷肠。穿行其间，狭窄之处仅能通人，宽敞之处豁然开朗，垒砌的奇石如同微缩的世间，千态万象，目光清凉，偶有空隙，但见古木缠藤绕葛，阳光摇曳轻舞，一派葱茏幽婉。幽深的景致，配上通幽的石阶、幽闲的山水、幽静的籁声，真真幽雅沁心。

湛江海滨景区

湖光镜月，轻盈毓秀；长廊观海，闲适自知；寸金浩气，幽雅绵延；南亚奇园，异木群集。湛江一海滨，风光无限好。

湛江有八景：东海旭日、湖光镜月、长廊观海、寸金浩气、硇洲古韵、南亚奇园、南三听涛、港湾览胜。其中，东海岛、硇洲岛、南三岛孤绝海上，而澄澈的湖光岩、绵长的观海长廊、正气浩然的寸金桥、欣欣向荣的南亚热带植物园、船只穿梭的湛江港则齐聚湛江海滨，正是"群贤毕至，少长咸集"之胜景。

湖光镜月

湖光山色的湖光岩，位于湛江市南20千米处，是第四纪火山喷发形成的火山湖，总面积4.7平方千米。其中，湖面占2.3平方千米，由此可见，湖光岩的精华，全在于这片澄蓝的湖水。与一般的火山喷发不同，这里的火山喷发发生在平地，除了岩浆之外，水蒸气和泥石亦夹杂其中。由于超强的爆发力，火山爆发之后，会形成一个深坑，当这个深坑低于海平面时，地下水便汇聚此处，天然的雨水也来歇息，于是形成火山口湖，地质学中，称为"玛珥湖"。湖光岩是继德国艾菲尔地区玛珥湖之后，世界上发现的第二个玛珥湖，也是世界上最大的玛珥湖。在它周围的沉积物中，整个地球16万年以来的气候变化以及生物的变

🔵 湖光岩畔

迁，都可以从中分辨析出，科学文化价值不菲，无怪乎被联合国教科文组织评为"世界地质公园"，称它"是一部十几万年地球演变发展留下的'天然年鉴'和'自然博物馆'，也是人类开启地球迷宫的一把'金钥匙'"。

绿树簇拥着的湖光岩，一如温润秀美的少女。它清澈，枝叶落下，不曾沾染它的眼眸，谜一般消失得无影无踪；它内蕴，水深20米，终年盈盈如许，鱼虾成群游于其中，却不见青蛙、蚂蟥、蛇的踪迹，更有龙鱼、大龟"神龙见首不见尾"，宽达两米的大龟还曾多次救过溺水之人，被奉为神龟；它清莹，冬日暖意融融，夏日凉气丝丝，气温比湖区之外低3℃，青峦镜湖，造就了不流于俗的高密度空气负氧离子区，堪称"天然氧吧"；它还是"治愈系"的，湖水富含矿物质和微量元素，洗浴可以变美白，饮用可以促进血液循环，降低血压，湖区的火山泥更是闻名于世的美容圣品，既能抗衰老，还可辅助治疗高血压、关节炎、皮肤病等30多种疾病，效果神奇，真是山灵水秀，神灵眷顾之地。

如此翩然美景，无人欣赏，岂非可惜？置身湖光岩，放空心绪才合清幽之境——玛珥湖清莹透彻，狮子岭丘峦层翠，楞严寺、白衣庵通透豁达，火山博物馆历史悠悠……——欣赏之后，不妨登上狮子岭峰巅之上的望海楼。闲坐楼上，湖光岩尽收眼底，还可望见东海岛荡漾之波……如此难以自弃之丽质，自是令无数文人骚客为之倾倒，诉诸笔端，流淌出动人的诗文。郭沫若便曾作诗："楞严存古寺，点缀岩光湖。一亭编炮茂，几树洁檀殊。惜无苏轼迹，但有李纲书。拂壁寻诗句，三韩有硕儒。"而董必武诗中一句"四山围一湖，湖水明如镜"，恰合湖光岩之意。正是湖光如此清妙，引无数文人竞挥毫。

↑ 湖光岩公园

↑ 寸金浩气

长廊观海

"金海岸"观海长廊地处湛江城区黄金海岸地带，南起麻斜渡口与海滨公园相邻，北至海洋路和海洋公园相接，全长2.5千米。绵长如它，却是灵动异常，南、中、北三个区绝非千篇一律，而是各有千秋。南区修长，月亮岛、紫荆广场布于其中，灵秀嫣然；中区则是心宽体胖，东有观海台，西为中心广场，宽广踏实；北区有海螺广场，海韵盈盈。三区之间，或曲或直，或宽或窄的园道，舒展延伸，其旁植物俨然，休闲区、娱乐区相间相映，流畅自然，和着近在咫尺的蓝天碧海，正可"偷得浮生半日闲"。

寸金浩气

湛江城区北部赤坎区西侧，坐落着80多个品种的1万多株植物在此生长盛开的亚热带园林式公园——寸金桥公园。公园之中，光苑、妃苑、花圃、鸳鸯岛、仙溪园、动物园、儿童乐园、烈士陵园和金竹园舞场、文化广场等十大景区交相辉映，清秀雅致，令人目不暇接。

湖光岩

南亚热带植物园

建于1958年的这座公园，原名"西山公园"、"人民公园"，如今的名字源自园中的寸金桥。横跨于月影湖之上的这座桥，始建于1925年，取名寸金桥，就是为了纪念1898年当地人民的抗法斗争，取寸土寸金、江山不容侵占之意。1986年第二次重修之时，扩至宽22米、长24米，桥的两端分别竖碑一方，一碑记载董必武所题"不甘俯首听瓜分，抗法人民组义军，黄略麻章皆创敌，寸金桥头自由云"一诗，另一碑刻写郭沫若"千年炮火千家劫，一寸河山一寸金"之句，是湛江市文物保护单位。寸金桥虽则幽雅，但赤诚的爱国之心、英勇无畏的精神，却早已深植于它的灵魂，正义之气，浩荡不绝。

南亚奇园

湖光岩畔，南亚热带植物园郁郁葱葱，奇花异草争奇斗艳，好不热闹。这座创建于1954年的植物园，最初只是粤西试验站作为单位绿化和植物活体标本之用。无心插柳柳成荫，热带奇花异木队伍越来越壮大，加上1981年热带园艺研究室的组建，南亚热带植物园脱胎换骨，由小家碧玉摇身变为大家闺秀。园内涵纳着109个科879种观赏植物，现隶属中国热带农业科学院。这里既有能改变味觉的神秘果、香味特别的百香果、清甜香脆的毛叶枣、奇香蜜甜的番荔枝、美丽脆甜的珍珠莲雾、"世界坚果之王"的澳洲坚果，以及"热带果后"山竹子等热带水果珍品，也有印度紫檀、油楠、印尼桂木、雨树等世界名贵树木，还有胡椒、咖啡、肉桂、檀香、依兰香等香料和饮料植物，以及世界最毒的植物之一——见血封喉。此外，捉虫植物猪笼草、抗癌植物喜树、80多种名贵棕榈科植物，以及形态各异的沙漠植物和400多种热带花卉都在此安家落户，怡然自得。园中的这些植物里，有21种属国家珍稀保护植物，还有100多种为重要的药用植物及珍稀植物。植物之多之奇，令人目不暇接，每年都有大批学生来此观摩学习，俨然已经成为热带植物科普大使。

科研和科普，掩盖不了这片奇园的动人芳姿。植物云集，空气自是清新，正是一座美丽的天然氧吧。充盈的氧气之中，散步、垂钓或野餐都是不错的选择；何况植物园里还有"土生土长"的走地鸡，树下还遍布鲜美的野菜。倘若实在贪恋美景，可以在招待所中待上一宿，仿佛归隐山林的闲人，隔绝喧嚣尘世，唯江上清风、林间明月、窗前虫鸣做伴，安然适之，岂非悠游乐哉？

➤ 南亚热带植物园

合浦古城

珍珠城、博物馆、东坡亭、文昌塔，凝的是合浦精髓，诉的是苍茫岁月；星岛湖、红树林保护区，赋的是合浦生灵，洇的是水润秀韵。合浦古城，时间徜徉之地。

位于广西的合浦始建于西汉元鼎六年（公元前111年），2000多年的悠悠岁月，赋予了它沧桑的颜色、古朴的气质，也赐予了它"还珠故郡，海角名区"的美称。这座古时的南疆重镇，一直以"南珠"蜚声华夏内外。1992年11月，李鹏总理亲笔为其题词"南珠之乡"，合浦与南珠自此定下终身。珍珠情缘的背后，名胜古迹、碧波秀岛兀自安卧，叙述着合浦的古雅韵致。

岁月留痕

2000多年的历史积淀，给合浦留下了众多的文物古迹，由此成为广西历史文化古城之一。在这里，少了点新鲜明亮，多了份怀古幽情。

⬆ 合浦白龙珍珠城遗址

⬆ 廉州古城钟楼

珍珠城

合浦珍珠城，又名白龙城，位于合浦东南36千米的白龙圩上。珍珠城离海不远，附近有多处珍母海，盛产光耀夺目之珍珠。为了监督珍珠生产，防御海盗和倭寇，明洪武初年(1368年)建立此城。此城南北长320.5米，东西宽233米，占地74676.5平方米，皆以珠贝为材建成，城中设有采珠公馆、珠场巡检署等建筑。抗日战争期间遭遇战火，城墙和城门大部分已被毁，建造之时所用珍贝撒得遍地都是，有的地方厚达3米，当年的采珠盛况与珍珠城彼时的辉煌，可见一斑。珍珠城现在已被列为区（省）级重点文物保护单位，前来参观、游玩、研究的人颇多。

合浦珍珠

合浦珍珠，又称南珠、廉珠和白龙珍珠，素有"掌握之内，价盈兼金"之说。它细腻玉润、浑圆凝重、晶莹皎洁、光泽持久，自古就有"东珠（日本产）不如西珠（欧洲产），西珠不如南珠"之美誉，堪称珠中极品。合浦珍珠历史悠久，汉代以前便已扬名于世，而且魅力未减，故宫博物院里如今陈列的珍珠多为合浦出产，慈禧太后冠上镶嵌的数千颗珍珠便是合浦珍珠。如今，合浦珍珠也与时俱进，开发出了保健作用更好的合浦生态珍珠，两相辉映，光芒璀璨。

汉代文化博物馆

面积约2000平方米的汉代文化博物馆，共分三层，底层设有"青铜馆"、"陶器馆"，二层是"玉器馆"，三层是多功能的学术演讲厅。馆藏文物3150件，主要有青铜器、陶器、玉器、古钱币、琉璃、琥珀、舶来品香料等，其中21件被列为国家级重点文物。博物馆馆藏皆与"海上丝绸之路"有关，承载着合浦古城悠久的港口历史。早在2000多年前，这里就已经是我国南疆重要的政治、经济和文化中心，繁华兴盛，声势浩大。如今，汉代文化博物馆除周一闭馆之外，每天早上9点30分到下午5点，免费对公众开放。

⬇ 汉代文化博物馆

⬆ 合浦大士阁

永安大士阁

在合浦县山口镇永安故城中，坐北朝南、占地397平方米的永安大士阁巍然伫立，因阁中曾供奉观音大士而得名，又名四牌楼，是国家级重点文物保护单位。它始建于明洪武年间（1368~1398），面阔3间，进深6间，包括两亭，亭高6~7米，由36根木制圆柱支撑；置身其中，屋脊、飞檐和封檐板上的雕塑、绘画涌至眼前，汹涌波涛之声近在耳边，是我国距海最近的古建筑之一，也是合浦县保存最长久的一座古建筑物。据志书记载，自明代至清代合浦曾多次遭遇风暴和地震，附近几里内庐舍全部倒塌，唯独大士阁岿然屹立，偏它全阁皆为榫卯连接，未用一钉一铁，建筑技艺之精湛可见一斑。

⬆ 东坡亭

东坡亭

合浦师范校园内，有一亭阁绿水环绕，那便是东坡亭。苏东坡晚年因"乌台诗案"被贬谪至海南岛，后召回合浦，居住于秀丽的清乐轩，两个月中，写出了《廉州龙眼质味殊绝可敌荔枝》、《雨夜宿净行院》等诗篇和《记合浦老人语》等札记，给当地留下了一笔宝贵的财富。苏东坡离开合

浦之后，第二年便病逝了。后来，合浦人在清乐轩故址建起一亭，名曰"东坡亭"，是为纪念。亭为重檐歇山顶亭阁式砖木结构建筑，亭上有苏东坡石刻像及诗文碑刻10余件，秀美风光之中，静静散发诗文之华彩。

文昌塔

文昌塔与汉代文化博物馆仅一路之隔，始建于明朝万历四十年（1613）；塔身为白色，角边和拱门边为红色，塔顶为一红色葫芦，颜色分明。八角形的塔，高约36米，为7层叠涩密檐砖塔，自下而上逐层收窄，每层开有坤门、凤门以作通风，塔内有阶梯盘旋而上，登塔眺望，北海波涛尽收眼底。秀颀的文昌塔，现为广西南部宝塔之翘楚，代言着古代文化艺术及建筑力学。

星岛湖

于北海市合浦县西北部24千米处，方圆600平方千米的洪潮江水库之上，大大小小1026个岛屿星罗棋布，宛如碧波之上田田的莲叶、漫漫的星光，星岛湖因而得名。满布的岛屿之上，山川秀美，鸟语花香，清水绕岛，山色映波，山、水、岛相依相应。央视版《水浒传》拍摄基地便建于此，称为"水浒城"，梁山区、文殊院、涌金门、苏杭水街四部分相互融合，古韵幽然。除此之外，星岛湖上还可垂钓、休闲、水上运动，正是静如处子、动若脱兔。

 文昌塔

星岛湖

山口红树林自然保护区

合浦县东南部，沙田半岛的东西两侧，海陆相依，滩涂广布，8000公顷的山口红树林自然保护区坐落其上，1990年由国务院批准定为5个海洋自然保护区之一。保护区中，700公顷红树林郁郁葱葱，"海口森林"风姿别致。陆地之上也不示弱，600多公顷人工林、少量热带雨林释放绿意，海陆融合，烟波浩渺，浩浩荡荡，宛如人类对自然的献祭。保护区中，鲈鱼、真鲷、鲻鱼

↑ 山口红树林

等鱼类，墨吉对虾、长毛对虾等虾类，牡蛎、僧帽牡蛎、中国绿螂等贝类，以及沙蚕、蠕虫等泥滩底栖生物和蛇类悠然自得。红树林外侧栖有世界罕有的海洋哺乳动物儒艮，林内猫头鹰、白鹤等鸟儿群集，林木之间穿梭啁啾，惬意自在。

西门江

合浦古城之中，西门江穿城而过，几千年来，人们枕江而居，将西门江尊为母亲河。它曾经清澈美丽，曾经是古合浦丝绸之路的黄金水道，廉阳八景之一"西门古渡"便是指它。悠长的岁月之中，西门江蒙了灰尘，淡了颜色，不复往日之清莹美丽。好在2009年6月初，合浦开始为其"梳妆打扮"。2011年春节期间建成了西门江长廊，西门江悠远的韵致，正一点一点找回归宿。

↑ 西门江惠爱桥

保护区与国家公园

　　美丽灵动，需要眼睛去发现，更需要悉心去守护。南海之上，自然保护区、国家海洋公园众多，东寨港中，红树林蓊郁，鸟鸣枝丫之间；铜鼓岭内，动植物蓬勃，铜鼓秀丽田园；三亚湾中，珊瑚礁绚烂，生灵徜徉其中；海陵岛上，众沙滩绵延，海滨山海相映；茅尾海中，群岛龙门生，岛泾相拥相环。行之所至，望之所归，呵护之下，南海魅力永驻。

东寨港红树林自然保护区

海南东寨港中，全国最大的红树林漫漫铺陈，于碧波之上郁郁青青，宛如一道绿色长城。

波涛袭来，它们面不改色，兀自呢喃絮语，守护海底村庄，笑对来往候鸟。

东寨港

海上森林，海底村落

蔚蓝的海面上晕染开一片森林，绿意盎然，其间或有白鹭翩然飞过，景致如斯，便是东寨港红树林自然保护区给人的第一印象。东寨港素有"一港四河、四河满绿"之说。顾名思义，这里有四条河流过，即东面的演州河、南面的三江河（又称罗雅河），以及西面的演丰东河和西河。这四条河流挟带泥沙自三方而来，汇聚于此，进而奔流入大海，而东寨港则挽留住了泥沙的脚步，形成了广阔的滩涂沼泽，成为红树林生根发芽的沃土。

这片海上森林可不一般，它随着潮涨潮落，晨昏交替，样貌各不相同。东寨港的海岸一般每天两次潮水涨落，每月出现两次高潮和低潮，此时海上森林的神奇就发挥得淋漓尽致：涨潮时分，红树林的树干沉隐于潮水之下，唯余葱翠的树冠随波荡漾，不知情者看到这番景象，还以为是海上生出的花样森林！潮水退去之后，红树林昂然出水，淤泥之上，呈现出盘根错节、相互依偎的奇特姿态。黄昏时分的东寨港，一派"落霞与孤鹜齐飞，秋水共长天一色"的景象，兀自安宁沉醉。

红树林不"红"

你可能会奇怪，不是红树林吗，怎么成绿色的了？其实，红树林的枝叶"绿如蓝"，并非"红胜火"。它们是生长在热带、亚热带海岸潮间带的常绿灌木或乔木群落，植物学上属于红树科，树皮内部和木质常呈红褐色，但枝叶都是深绿色。红树林一名与花叶无关。

🔽 红树林

东寨港充盈着绿意的水下，还埋藏着世界地质奇观——"海底村庄"。风平浪静的时候，透过清澈的海水，海底的村庄一点一点显露出古老的面目。那是明万历年间，一场7.5级的琼州大地震爆发开来，而如今的东寨港恰是当时的震中，此处的72个村庄霎时沉没，陆陷成海，形成了今日的东寨港。岁月呼啸而过，当年的惨烈呼号已不复闻，只剩牌坊、石桥和水井等遗存在海底，引发人们感怀凭吊。

"红树"蓊郁，鸟鸣上下

东寨港红树林自然保护区位于琼山区东北部，建于1980年，是我国建立最早也是我国最大的红树林保护区。它绵延50千米，总面积4000多公顷，在它宽广的沼泽湿地之上，红树林及水鸟安处尘嚣之外，得享一方宁谧，正合苏东坡当年于海南所写的诗句"贪看白鹭横秋浦，不觉青林没晚潮"。

东寨港红树林保护区风光秀丽，湿地生态系统不可多得，1992年还被列入《国际重要湿地公约》组织列出的国际重要湿地名录。每年向南或向北迁徙的候鸟都会在此稍作停留，补充营养。目前，这里的候鸟有天鹅、鹤类、鹳类、海鸥及其他鸟类，种类已达190多种，其中不乏黑脸琵鹭、红隼、游隼等珍稀鸟类。

"绿色长城"

红树林的树冠紧密有序，树根粗大，相互缠绕，携手共同抓紧滩涂，无论风暴还是海浪，在红树林面前一概溃不成军，于是沙滩不致随波游走，农田不致被水吞没，鱼虾

红树林

🔺 东寨港

们也不致过于"动荡"，红树林因而被称作"绿色长城"、"海岸卫士"。如此而言，东寨港红树林自然保护区的长城尤为坚固，因为这里坐拥全国成片面积最大、保存最完整的红树林，共有红树植物16科32种，而世界上已发现的红树植物仅23科81种。众多红树林群落之余，还有水椰、红榄李、卵叶海桑等珍贵树种，以及海南特有的海南海桑和尖叶卤蕨。

保护传统由来已久

虽然东寨港红树林自然保护区正式建立于1980年，但此地的保护传统由来已久。保护区内至今仍存有清朝道光二十五年（1845）设立的"奉官立禁"碑，其上铭刻着"禁砍滩涂木"以及先辈们当时订立的禁砍红树林的详细条款，还附有许多责罚条款。按照碑文上的条例，即使要折取红树林的枯枝当柴火，也必须到每年的正月初十才可以进行。正是由于先人不遗余力的守护，东寨港红树林才得今日蓬勃的气象。感恩之余，今人更当接过接力棒，继续保护这片"护岸卫士、造陆先锋、鸟类天堂、鱼虾粮仓"。

2007年编制完成的《中国红树林国家报告》显示，目前的红树林面积相比新中国成立时已经锐减，主要原因就是20世纪六七十年代的围垦造田对其造成的破坏。除此之外，海水养殖也是红树林减少的另一黑手，养虾、养鸭等活动使淤泥受损，湿地生态环境遭到破坏。令人欣慰的是，目前各方已经采取措施，尽力控制保护区内的水产养殖。另外，除了这些宏观的因素之外，如火如荼的旅游活动中游船既会惊扰水鸟，也会污染环境。现在竹竿撑船重新开始流行，用心呵护红树林的传统，再次迸发光芒。

海南铜鼓岭自然保护区

结缘铜鼓，铜鼓岭自然保护区石影诡谲，交加的风浪，侵蚀出了沧桑与灵动；保护区中，多样植被、野生动物，一众生灵相依相伴，生机盎然；苍翠之外，月亮湾、大澳湾、云龙湾，或清丽洁净，或活跃深蕴，悠然旷然。

距海南省文昌市区40千米，一座山岭绵延20多千米，是为铜鼓岭。以它为蕊，一朵自然保护区灿然绽放，1983年初出闺阁，曾为"东郊椰林"光芒掩盖，2003年终得倾国倾城，列为国家级自然保护区，鲜明璀璨，芳华绝代。

地质活教材

13.33平方千米的陆地、30.67平方千米的海域，共同构成了海南铜鼓岭自然保护区。在这片保护区北部的水域之中，王五—文教深大断裂构造遗迹出露于水面之上，尽显沧桑的岁月之美。不要就此以为它的生命已经终止而变为只是供人缅怀的遗迹，这里的构造活动，正如乾坤之间水分的不息流动，一刻也未停止。而地壳间歇性的上升，导致岩浆岩节理发育，一层一层，仿佛叠加的糕点一般，风浪袭来，逐渐化身为海蚀崖、海蚀穴、海蚀龛等海蚀地貌，或浑厚或巧妙，诡谲之态在我国实属罕见。于是乎，地质科研和教学中的枯燥名词在这里获得了生命，活灵活现起来。

⬇ 海蚀

石之魅魂

铜鼓岭自然保护区，自是与铜鼓形影不离，名字中含着它，景区中拥着它：翠峰铜鼓岭，峭壁铜鼓嘴，承载着石之雄浑浩荡；不倒的风动石，石制的牧羊图，诉说着石之奇巧精妙。石与铜鼓，难舍难分。

铜鼓岭

海南最东角上的它，主峰海拔达402米，被称为琼东第一峰。东汉之时，名将马援率军来此讨伐武陵蛮人，班师回朝，遗落铜鼓，后人在此发掘出土，因而称为铜鼓岭。千载悠悠，当年的激战之声已不复闻，唯留遮不住的青山隐隐，碧水悠悠。铜鼓岭上，有登山古道、盘山公路，缘路而行，可见热带雨林之中，植物珍罕、大根抱石等景致，满载着生趣。山顶北端设有观景台，其旁有一石，上刻"风动石"三字，每次风来，呼啸作响，摇摇欲坠，却始终不倒，台风肆虐之下，亦是如此，非常神奇。

铜鼓岭上，放目远眺，南海碧波，浩荡无涯；稍近处，月亮湾雪浪层叠，优美清丽；向北望，宝陵河飘然入海，沙滩如银，蜿蜒无际；向西转，内陆之中，椰林如海，农舍掩映其间，水田如波，绕丘环坡，好一派南国绮丽风光。

↑ 石头公园

石头公园

云龙湾和铜鼓嘴之间，石头星罗棋布，它们是地壳深处玄武岩浆沿断裂带上升喷溢地表而形成的玄武岩，海风来化之，海浪来蚀之，它们早已如妙笔下的奇葩，个性十足了。由此分别，石头公园有了"三部曲"：第一部，奇石形态各异，恍若各色生灵，大浪来袭，浪花飞溅，气势磅礴；第二部，陆地之上，墨绿色花岗石为主旋律，错落有致，相对平缓；第三部，大大小小的鹅卵石，齐聚琼东一隅，个个圆不溜丢，浪花袭来，也只是窃窃私语一般，正如乐曲逐渐淡出，缥缈柔和，余音袅袅。

风动石

这风动石一身集两大传说，其中之一，恰合此处景致：一日，天帝出巡，望见一位牧羊女正在山坡上牧羊，非常喜爱。为了永远看见这幅田园美景，便让雷公降下闪电霹雳，将牧羊姑娘和羊群全都变成了石头，那风动石便是可怜的牧羊女变的。站在其旁，俯瞰西南岭脚，青青草坡之上，3650块石头遍布，千姿百态，正似巨幅牧羊图，白羊或吃草或昂首，各不相同，栩栩如生。

铜鼓岭

生灵天堂

44平方千米的保护区中，生灵多种多样，各自悠然自得。先说静静的植被。随着海拔、阶地、坡向的不同，保护区中依次分布着红树林植被、半红树林植被、滨海沙生植被、山麓丛林、热带常绿季雨矮林，以及局部人工培育的植被，正如以红树林为中心的圈圈涟漪，绿意荡漾。铜鼓岭自然保护区中，植物是个庞大的家族，至2004年，共有984种，隶属于168科、629属，堪称植物大观园。大观园中，金毛狗、蕉木等12种濒危植物种类和保护植物种类生机勃勃，海南苏铁、茶槁楠、古山龙等35种海南特有植物亦是欣欣向荣，正是数不尽的"富贵风流"。自设立以来，铜鼓岭自然保护区森林面积不断扩大，物种不断增加，生态系统也愈发稳定。

林木阴翳的地方，向来不乏勃勃生机，它们的生命力也向来如向日葵般灿烂向上，因而需要铜鼓岭自然保护区呵护的，多是热带常绿雨矮林生态中的野生动物。这里野生动物主要有10种兽类、20余种鸟类和一些两栖动物、爬行动物、昆虫等，包括8种珍稀濒危物种。其中，蟒蛇属于国家一级保护野生动物，猕猴、穿山甲、猫头鹰、海龟等属于国家二级保护野生动物。

陆上热闹，保护区水下也不甘示弱，丰富的珊瑚礁资源在此集聚。这里的浅海珊瑚礁是典型的岸礁类型，主要有100多种造礁石珊瑚，其中以鹿角珊瑚为翘楚。除了造礁珊瑚之外，非造礁珊瑚、软珊瑚、鱼类、藻类等重要水产生物也是怡然自得，享受着难得的清净与安逸。

↑ 猕猴

↑ 苏铁

曼妙海湾

嫌生灵过于纷繁、峰岭稍显拥挤？少安毋躁，铜鼓岭自然保护区还有诸多海湾，依依相伴呢。那儿平旷幽雅，不正是放空的好去处？

月亮湾

宛如其名，月亮湾25千米长的海岸线，恰似弯弯月牙，白练一般的宝陵河，自西向东曼舞轻飘，来至月亮湾，终于安定下来，倾其所有。从旁边的山峰俯瞰月亮湾，浪花轻抚明月，清丽之态尽现，动人心弦。

大澳湾

铜鼓岭与铜鼓嘴之间，海湾众多，其中以铜鼓嘴山下的大澳湾颜色尤美，两端葱郁山峰相环抱，中间1000多米的沙滩皎洁如雪，绵延悠长。大澳湾堪称月亮湾的孪生妹妹，面庞亦似月牙。不过，它还没有倾慕者至此，但海水纯净异常，沙滩细腻柔软，自是天生丽质。

云龙湾

相比月亮湾和大澳湾，云龙湾相貌并不出奇，但是内心世界异常丰富，广阔的海湾之中，蕴含着100多种保护完好的珊瑚资源，依着这些珊瑚礁，青莹的海草、缤纷的珍贝、螃蟹和鱼儿徜徉其中。这里的珊瑚中最特别的当属蜂窝珊瑚，别被它的名字吓到，其实它非常平和，胶质般蜂窝状的珊瑚，块头很大，有的面积甚至达到20平方米，姿态各异，布满海底礁岩。

铜鼓岭

三亚珊瑚礁自然保护区

　　海南一岛，三亚斯美，碧波之下，生机动人：珊瑚静卧，生灵徜徉，绚丽缤纷，梦幻迷人；美者美矣，旷心怡神，美者弱矣，呵护凭人。

　　海南岛三亚附近海域，大片珊瑚礁翩然绽放，恍若海洋吐露的芬芳，令人倾心。美丽，值得用心守护。为了保护这里珍贵的珊瑚礁，1989年，三亚珊瑚礁自然保护区诞生；1990年，成为国家级珊瑚礁自然保护区，舞台更为广阔。

珊瑚礁

珊瑚"沃土"

　　海南省三亚市南部近岸及海岛四周海域，三亚市鹿回头半岛沿岸，东西眉洲、亚龙湾海域，均属三亚珊瑚礁自然保护区，可谓集三亚之精粹。安然栖落于海湾之中的保护区，属于珊瑚礁海岸，浅水区大，海浪轻柔，海水交换充分，有机质含量充沛，加上水质洁净，而且基质坚硬，海水盐度年变化范围为33.4～33.8，水温年变化范围为23.6℃～29.3℃，挑剔的珊瑚也不禁心满意足，在此安家落户，故而这里的礁群发育良好，无论是珊瑚的种类还是数量，在中国近海均占据领先地位。

　　85平方千米的保护区中，各种造礁珊瑚安然水下，与穿梭其中的其他海洋生物一道，构成典型的热带海洋岸礁生态系统。在三亚珊瑚礁自然保护区中，要保护的不仅仅是珊瑚礁，它的胸怀更为宽广，这里的生态系统和海洋生物物种，也在它守护的双翼之下。毋庸置疑，这里是珊瑚的乐园，种类和面积都居海南省之冠，无论水深2~3米或水深50米的海底，都有珊瑚成片绽放，仅造礁珊瑚便有115种，分属13科、33属和2亚属，晶莹绚丽，灿烂夺目，其中名贵的红珊瑚、金珊瑚、诗意的竹节珊瑚为重点保护对象。保护区分核心区、缓冲区和实验区三部分，核心区的珊瑚礁，所受保护最为严密。

缤纷水下世界

　　珊瑚世代繁衍，凝聚成为多彩珊瑚礁，众多鱼、虾、贝、藻和其他海洋生物栖息其间，仅在鹿回头，就有300多种贝类藏身其中，种类之多，位居全国榜首。畅游其中，潜水而下，但见鱼虾贝藻戏于珊瑚礁中，水下世界一片璀璨，轻灵脱俗。美丽的事物，令人心生收集之心，但偏是这种爱好，令这美丽失去生气和光华。"且夫天地之间，物各有主，苟非吾之所有，虽一毫而莫取"，心中不贪求，举手投足予以呵护，唯有如此，珊瑚、海洋生物才能各得其所、怡然自得，它们合力构成的生态系统才可平衡优雅、生机盎然。

海陵岛

广东海陵岛国家海洋公园

我国首批7个国家级海洋公园之中，海陵岛综合得分最高，位居榜首。除此殊荣之外，它还被称为"南方北戴河"，而且从2005年起到2007年连续3年名列"中国国家地理"杂志社评选出的"中国十大最美海岛"。海陵岛的美丽，俨然已如梦幻彩蝶，虏获世人之心。

海陵本色

海陵岛原名螺岛，后来，南宋太傅张世杰抗元兵败，覆舟溺死并安葬于岛上，始称海陵岛，以示纪念。作为广东的第四大岛，它的总面积为108.89平方千米，海域面积达640平方千米，岛岸线长141.7千米。位于广东、广西、海南等省区水路交通要道的它，毗邻港澳，紧偎珠三角地区，却如纯白的莲花，邻闹市而不染尘埃，碧绿悠然安卧海上。这一自然生态海岛，正如未经琢磨的玉翠，光华日盛。它严峻，自明代开始，一直是沿海军事设防重地，鸦片战争之后，除香港之外，海陵岛也为英国政府所觊觎，好在彼时的清政府并未同意，侥幸逃过一劫；它更温暖，属亚热带海洋气候，四季如春，一年365天，晴天便占去310天，由不得人心情不随之明朗。

⬆ 海陵岛日出

国家海洋公园

2010年11月23日，国家海洋局在北京组织召开专题评审会，各路专家齐集，评审国家级海洋公园的申报材料，海陵岛拔得头筹，以最高分数成为首批国家海洋公园之一。国家海洋公园将海洋资源保护与旅游开发合二为一，既能保护海洋生态，又能挖掘灿烂的海洋文化。除此之外，财政部将拨出专项资金，改善公园的基础设施和配套设施，令游人赏心悦目之余，休闲自得，抛却后顾之忧。据介绍，广东海陵岛国家海洋公园，范围涵盖大角湾及其附近海域，总面积为19.27平方千米，海岸线长6.12千米，陆地面积1.37平方千米，占公园总面积的7.11%；海域面积17.9平方千米，占公园总面积的92.89%。海洋公园的建设，如同海陵岛的双翼，自此振翅待飞，迷倒众生。

绮丽海滨

海陵岛的美，尤在海滨。悠扬的海岸线上，12处沙滩碧波荡漾，而且个个独具特色，或平静无波，或涛急浪涌，或奇石林立，俨然一沙滩博览会；虽然个性十足，却心意相通，手拉手把海陵岛的东部、南部和西南海岸连成一线，气势浩荡，延绵不绝。

大角湾

作为海陵岛国家级海洋公园的核心，大角湾的魅力自不必说。海陵岛上，它拥有最高的知名度，长2.45千米，宽50~60米，仿佛巨大的牛角，因而得名大角湾。大角山与望寮岭拱

大角湾

卫之中，大角湾安然静卧。万顷碧波之上，时可见峰顶云雾缭绕，正是山水秀灵，仙气缥缈。

十里银滩

海陵岛南面，十里银滩绵延舒展，总长7.5千米，平均阔度150米，广阔平坦，沙子皎洁如雪，但没了冰冷，多了温润细腻。银滩之旁，海水澄澈，鲨鱼、暗礁、水草皆自惭形秽，不见踪影。如此优势，岂能浪费？沙滩之上，排球、足球撒了欢儿地奔跑；海水之上，帆船斜斜，摩托艇隆隆……自然的美景，少了人文情怀，终究流于单薄。十里银滩之上，皇宋螺城、中华民族苑和影视明星碑等建筑巍然耸立，其中尤以广东海上丝绸之路博物馆最为出挑。馆内的海底古沉船"南海一号"，千年未腐，沉船上打捞出的10多万件瓷器、金器、玉器等也陈列其中，昔日的光彩虽已蒙上岁月的尘灰，但其繁其众，纵使千载，亦难褪色，浩瀚壮观。

↑ 十里银滩

海洋公园

海洋公园属于海洋特别保护区，按照海洋特别保护区功能分区原则，海陵岛国家海洋公园有四个功能区——重点保护区、生态与资源恢复区、适当利用区和预留区。

首批国家海洋公园共有7个，屈指可数，弥足珍贵。除广东海陵岛国家海洋公园外，其他6个分别是广东特呈岛国家海洋公园、广西钦州茅尾海国家海洋公园、厦门国家海洋公园、江苏连云港海州湾国家海洋公园、山东刘公岛国家海洋公园，以及山东日照国家海洋公园。它们正如颗颗珍珠，点缀着我国悠长的海岸线。

广西钦州茅尾海国家海洋公园

一半封闭的它，波平浪静，只待鱼儿飞跃；岛泾相拥的它，山环水绕，恰如南国蓬莱。国家海洋公园栖落此处，东风已起，茅尾海只需扬帆，便济得沧海。

海洋公园，布局严整

广西钦州茅尾海国家海洋公园，南起七十二泾，西至茅岭江口，北至横头山海岸，东至坚心围岸线，边界长61.5千米。11284.4公顷的总面积中，海域占据10803公顷，称霸一方，而且追随者众，散布127个海岛，面积共481.4公顷。这一项目总体规划分为四个区域：重点保护区，用于保护红树林、盐沼、近江牡蛎天然母贝生态环境，进行科学研究与生态监测；生态与资源恢复区，对受损红树林进行修复，疏通水道，恢复和修复海岛植被，开展景观生态旅游；适度利用区，建设红树林生态公园，开展海水养殖与增殖，进行航道与港湾整治、海上观光；预留区，用来规划建设海陆过渡带湿地公园。四区各司其职，严整有序。

风平浪静，凭鱼飞跃

坐落在广西钦州市南边的茅尾海，内宽口窄，曾因形似猫尾，称为"猫尾海"，后因茅尾茂密，改称"茅尾海"，这片半封闭内海，处于海上强风的势力范围之外，风力仅仅1~3级，幽静平阔，"海阔，浪静，泾幽"，正如北部湾的梳妆镜，秀美精致，曾有其他省区的20多位地理专家来此游览后发出赞叹：这个比西湖大几十倍的宁静内海，不是西湖却胜似西湖！舟泛于其上，恍若栖于光滑的琉璃之上，宁静异常。

茅尾海红树林

南国蓬莱，岛泾相拥

　　茅尾海与龙门港之中，亚公山气魄雄伟，正如中流砥柱，名列龙门五景。行船在茅尾海上，远远望去，亚公山正如日夜守卫南门的雄狮，尽心职守，并与附近的将军石、头坡墩、二坡墩、三坡墩等岛礁一起，筑起了茅尾海宁谧意趣的一道屏障。自亚公山向东北航行，龙

茅尾海黄昏

↑ 茅尾海

↑ 茅尾海红树林

门群岛便赫然眼前。纵横50千米的碧波上，100多个大小不一的海岛散落，水绕海岛，形成无数曲折蜿蜒的水道，称为"泾"，泾幽且繁，故而唤之"七十二泾"。山无穷，水无尽，恰如茅尾海深厚绵长的情意，丝缕不绝，旖旎如它，"南国蓬莱"一称，实至名归。在此入海的钦江、茅岭江宛若巨龙，而龙门群岛恰似颗颗明珠，因而此处又名"龙泾还珠"。明珠之中，龙门岛尤为璀璨，地扼茅尾海出口，也是水上进出钦州的门户。作为龙门群岛中最大的岛屿，它依着水中漫游的鱼儿，养育了8000多人，是广西沿海最大的渔业生产基地之一。自20世纪60年代起，龙门岛与大陆之间连通了大堤，汽车穿梭自如。泛舟茅尾海上，但见山环水绕，波平如镜，正是海如温玉，纯美无瑕。

龙门群岛

霓彩南海

SUN LIGHTED
SOUTH CHINA SEA

南海之滨，城市港口相依相偎，光华流转；
条条航线，如丝如缕，串起无尽情思；
夜幕降临，万家灯火，南海斯美，霓彩激滟。

城　市

澳门霓虹闪烁，白莲花开，归去来兮；购物天堂香港，东方之珠，炽烈鲜活；
雄浑南门广州，岭南风韵，山水徜徉；深圳华丽转身，活力四射，文化浓郁；
北部湾畔北海，清爽宜人，海魂悠悠；汕尾向海而生，沧海桑田，波光渺渺。
万泉河口博鳌，景致如画，群英云集；三沙悠然而卧，群岛岛礁，海韵依依。
多姿城市，宛如南海项链之珠玉，眉眼灵动，流光溢彩。

汕尾

白云苍狗，汕尾从海面之下，渐次浮出；向海而生，汕尾的渔业商业，蓬勃生长；潋滟
海光，弥漫在这座城市的每个角落，既在它的脚下，又在它的怀中。

沧海桑田

时光正如白驹过隙，苍茫海洋可能化身雄壮大陆，而大陆也可能瞬间被海水吞没，沉
睡于海底，再也不见天日。汕尾无疑是幸运的，因为它属于第一种情况。早在新石器时期，
如今的汕尾市所处之地还只是一片汪洋大海，而如今汕尾市郊区的位置，已经出现了越族游
群部落的身影，他们在这里捕鱼、打猎，还会制作彩纹陶器、青铜器等，创造了闻名世界的
"埔上屯"文化。

到了唐宋时期，随着泥沙的淤积和陆地的抬升，沙丘渐渐露出水面，汕尾逐渐长成一个海岛，河湖也渐渐发育起来，汕尾开始登上历史舞台。南宋淳祐年间，其他地方的渔民开始到汕尾捕鱼，沿海的疍民也是聚居在这里，周围的部分滩涂还被开辟为盐田，不过此时的汕尾，并没有自己独立的身份，它还只是一个打鱼、晒盐的地方而已。到了明朝，杀倭寇立了功的陈聪在这里下寨，还把自己的军队以及随军家眷都带到了这里，汕尾第一次出现了村落的身影。自此之后，闽汕一代的移民纷纷来到这里，又陆续建立起几个村落。

⬆ 汕尾渔港

明朝崇祯年间，经过崇祯皇帝批准，叶高标来到这里，建坎下寨，自此，这里的海防得到了巩固，越来越多的人和货物为了保证安全，更多地经过此处，也就为汕头港的建立提供了重要的先决条件。康熙二十年（1681），随着海禁的开放，汕尾地区人口大增，汕尾港的雏形出炉了。自此之后，商船、渔船等来往穿梭，商业、渔业、盐业蓬勃繁荣起来。到乾隆年间，汕尾港迅猛发展，成了广东东部非常著名的渔港，汕尾在历史文献中第一次留下了自己的印迹。渐渐地，依托着港口，汕尾成了商业贸易中心，朝廷随之加派官员，增设机构，征收赋税并加以管理，还在这里建造了13处炮台，建立起了海防线。自此之后，潮汕商人开始涌入经商，一派欣欣向荣的景象。1988年，汕尾由镇华丽转身为地级市，开始成为海陆丰地区的政治、经济、文化中心。就这样，自开埠到建成，仅用了200多年的时间，汕尾就完美蜕变，发展之迅速，令人瞠目结舌。

汕尾

向海而生

年轻而又充满活力的汕尾，一直吸引着伟人的目光。在《建国方略》中，孙中山就把汕尾列为重点发展的广东四大渔港之一，足可见渔业、海洋经济在汕尾经济发展中的重要地位。汕尾的海域非常辽阔，水产资源十分丰富。这里长达302千米的海岸线，92个大大小小的岛屿，2.39平方千米的大陆架内海域面积，都为海捕渔船提供了施展拳脚的空间。更何况，汕尾还坐拥3.30万公顷的10米等深线内浅海、滩涂可供海水养殖。这样，天然水产与人工养殖相辅相成，两者一道把海洋渔业打造成了汕尾经济发展的优势产业，也把汕尾打造成了国家一级渔港。海洋不仅为汕尾的经济带来了丰沛的渔业资源，更赋予了它开放的姿态。自从蜕变为市之后，汕尾就实施了"大开放促进大开发，大开发促进大发展"的对外经济发展战略，对外贸易持续增长，高新技术产业和第三产业蓬勃发展，外贸出口市场更是拓展到了世界30多个国家和地区，这个向海而生的城市，正在迸发前所未有的活力。

海在脚下

汕尾从来不乏美景，单看它那著名的汕尾八景——红场星火（海丰红宫红场旧址）、玄武灵声（玄武山）、有凤来仪（凤山）、遮浪奇观（南澳半岛）、金厢银滩（金厢滩）、莲峰叠翠（莲花山）、一饭千秋（方饭亭）、南万椎涛（南万红椎林生态公园），一个个或是充满红色革命记忆，或是展现自然瑰丽雄壮。而这八景之中，由海洋生成的景致就占去了一半，它们又可分为两派——山海派和滨海派，一个脚下便是海，一个怀中亦为海。

山海派中，首推那玄武山，这座濒临碧海的山峦，一直充满灵气。为何这么说呢？早在南宋期间，这里就建起了元山寺，设立了99间殿堂僧舍，雕屏彩栋，华美精致，与一般的庙

⬆ 凤山上妈祖像

⬆ 玄武山

宇不同，这里既供奉着释迦牟尼佛像，又供奉着北极真武元天上帝神像，佛教、道教在此融为一体，非常和谐难得。除此之外，殿里面还有两面中华名匾——清代林则徐题献的《水德灵长》和刘永福镇碣时题献的《灵声满道》题匾。同治皇帝及提督、总兵等40多面题匾也陈列殿中，还藏有宋、明、清历代文物1000多件。除了它悠久的历史、深厚的文化和神秘的宗教之外，玄武山最具灵性的地方，还在于它的福星塔，塔周围的石刻述说着历代文人的心声，凝固着历代墨客的笔迹，更为难得的是，登上这座塔，整个汕尾海城尽收眼底，放眼望去，怎一个游目骋怀可以尽述？

同样山海相依的，是汕尾市东南面的凤山，站在凤仪台上，便可看到一尊妈祖艺术石雕像，雕像身高16.83米，在广东的石雕像中高度第一，只见她慈眉善目、神采飞扬，与下方的妈祖文化广场遥相呼应，汕尾人民对于妈祖这个海之女神的敬爱可见一斑。稍稍把目光放远些，就可以看到汕尾市区的高楼大厦、车水马龙，华灯初上之时，分外梦幻迷蒙。再把目光放远些，就能看到云集的风帆、停泊的船只；侧耳倾听，啁啾的鸟鸣、呢喃的波涛、悠扬的汽笛，无不竞相涌入耳中，赠予你来自海洋的祝福。

海在怀中

与山海派一样，滨海派也有两位代表，那就是粤东麒麟角和金厢滩，仔细想来，其实它们两个又何尝不是礁岩与波浪的交响曲呢？

位于汕尾红海湾的南澳半岛素来被称作"粤东麒麟角"，濒临南海的它，坐拥"山、海、沙、石"与"湖、岛、湾、屿"几大要素，又有国家级天然海水浴场，称得上是"天生

红海湾佛印石与观音亭

丽质"。不过更为有趣的是，它还有"遮浪"奇观。什么是遮浪呢？南澳半岛纵向伸入海水之中，当这边波浪滔天、卷起千堆雪的时候，那边却依旧风平浪静，静观云卷云舒。两边一动一静，交相辉映，着实奇特，难以名状。

与南澳半岛的双面性格不同，金厢滩更为平淡悠远、澄澈幽静。它的标志性景观便是那条长8千米、宽60米的S形沙滩，柔净地舒展蔓延，非常曼妙。沙滩旁边，就是那澄澈透明的海水，这里既没有污染，也没有海泥，而且坡也缓、浪也少，正是游泳的绝佳地点，无怪乎金厢滩是广东东部地区最大的天然海水浴场了。不过，单是这些的话，金厢滩漂亮归漂亮，似乎总归无甚奇特，但这里有点睛之笔，那就是沙滩周围千姿百态的礁石上的古今摩崖石刻。有了这些"镇海石"、"观涛"、"龙石"之后，整片海滩平添人文情怀，顿时神采奕奕，著名地理学家陈传康盛赞该景区为"粤东旅游黄金海岸"，连著名书法家启功也题石立记。

香港

东方之珠，购物天堂，香港的热情永不衰竭；自然人文，相融相合，香港的美丽动人心弦；歌曲电影，蓬勃轻快，香港的文化流光溢彩。繁华炽烈，鲜活跃动，方是香港本色。

香港夜景

⬆ 香港街景

购物天堂，花团锦簇

　　香港的街市之上，店铺林林总总，有的高端奢侈，有的略显低调，但出售的进口物品，价格无一例外比内地低上几分。这是为何？香港是一个自由港，除了烟、烈酒和汽油、柴油等，其他进口物品一概不征收关税，价格怎能不低？商品琳琅满目，个个物美价廉，这可忙坏了来港的游客。放眼望去，但见人头攒动，大包小包，购物的狂热四处弥漫，真真正正到了购物天堂了。可是，只凭低价位，就能称得上购物天堂？当然不是，除价低之外，香港还拥有着过硬的经济实力、便利的交通，以及各色娱乐购物场所，正是百花齐放的锦绣景象。自由经济体制之下，香港已成长为世界第十一大贸易实体、第六大外汇市场，是亚太地区乃至国际的金融中心、国际航运中心、国际贸易中心，它的集装箱港口是全国最繁忙的集装箱港之一，它的国际机场是世界三大国际机场之一。

　　出类拔萃，自是四方往来甚密，香港通达的交通更是不在话下。铁路、渡轮、公共汽车等往来穿梭，共同织就庞大的运输网。这一公共交通系统触角深长，几乎延伸至香港的每一个角落。不仅如此，香港目前与186个国家和地区的472个港口有航运往来，以它为枢纽，海上运输网络铺展，航线通达五大洲、三大洋，强大而完善。仅香港和内地之间，每天就有128班次轮船、约100班次航机、超过400班次列车及40200驾次的车辆奔波，可谓喧嚣繁忙。

　　交通恰如香港的动脉，脉搏既已跃动，香港自然气色充盈，夜夜笙歌：中环兰桂坊、"苏豪"区、铜锣湾和尖沙咀等地，酒吧、卡拉OK场所和夜总会林林总总，加上香港人生性活泼、喜爱热闹，时不时地举办香港艺术节和国际赛马等各色文化、康乐、体育活动，正是灯红酒绿、繁华炽烈，好一派花团锦簇的好光景。

自然人文，相和相融

香港虽然喧闹，但美好意态不减分毫。这片旅游热土之上，八景犹如峰峦，相簇相拥："旗山星火"——自太平山顶，眺望夜色中的迷人港岛，万家灯火如漫天繁星，璀璨流转；"赤柱晨曦"——晨曦之中，旭日喷薄而出，万丈霞光中的赤柱半岛，宛如朝阳的姊妹，同样殷红欲滴；"浅水丹花"——浅水湾碧波徜徉，杜鹃花姹紫嫣红，相得益彰，正有"日出江花红胜火，春来江水绿如蓝"之意境；"虎塔朗晖"——虎豹别墅院内有六角形白塔，朝阳倾泻之时，周遭彩霞翩飞，壮丽明朗；"快活蹄声"——快活谷中，马蹄得得，不是诗样的徐缓，而是尽情地奔跑，赛马声起，热血沸腾；"鲤门月夜"——鲤鱼门上，皓月初升，清辉遍野，维多利亚港清丽波光尽收眼底；"残堞斜阳"——旧时，九龙城寨的残垣断堞，沐着血色斜阳，分外苍凉，如今残垣已拆，九龙寨城公园取而代之，园林清幽；"宋台怀古"——一片宋王台公园，见证宋朝历史最后一瞬，在此驻足，顿觉白云苍狗，前尘悠悠。除了雅致的八景之外，消闲游玩去处也不示弱，23个郊野公园和4个海岸公园，栖落香港，只见翠林青峦，碧波白沙，山水相依相照，风流旖旎，自不必说。

香港海洋公园

凭山临海的香港海洋公园，风姿自是卓越，占地17公顷的它，拥有东南亚最大的海洋水族馆和主题游乐园，海洋生物琳琅满目、灵气逼人，游乐项目惊险刺激、酣畅淋漓。由于建于南朗山上及黄竹坑谷地，层次亦是分明，山上以海洋馆、海洋剧场、海涛馆、机动游戏为主，山下则有水上乐园、花园剧场、金鱼馆。仿照历代文物所建的集古村，村落仿中国宫廷建筑，内有亭台楼阁、庙宇街景，重现了中国古代街景，其中的民间艺术表演为其更添一丝生动。

⬆ 香港海洋公园

⬆ 香港海洋公园

↑ 迪士尼

香港迪士尼乐园

位于大屿山欣澳的香港迪士尼乐园，是全球第七个迪士尼乐园。山峦怀抱之中的它，与南海遥遥相望。这座主题公园共有四个成员：美国小镇大街、探险世界、幻想世界和明日世界。美国的怀旧建筑和车子、穿行亚非森林草地间的河流、小熊维尼等的童话世界、太空惊险之旅一一登场，主题鲜明，各有千秋，夜幕降临，灯光渐次点亮，梦幻至极。

视听文化，蓬勃轻快

一张一弛，方是正理。紧张的生活节奏，造就了香港蓬勃轻快的视听文化。粤语流行歌曲早年便已普及，街头巷尾，处处可闻，成为香

↑ 迪士尼

↑ 香港夜景

港市民最普遍的娱乐方式，所成就的歌星更是个个如雷贯耳，四大天王、Beyond、梅艳芳、林忆莲、王菲、陈奕迅等群星璀璨、光华照耀，连大陆流行音乐也身被其辉。歌曲之外，电影事业亦是轰轰烈烈，李小龙、周润发、张国荣、张曼玉、周星驰等电影明星皆出自香港。曾被称为"东方好莱坞"的香港，20世纪80年代电影进入全盛时期，年产可达300部。然而90年代中后期，香港电影事业开始走下坡路。近年来，香港电影开始走出家门，与内地和台湾地区的电影业合作，相互融合，相互扶持。每年3~4月间举行的香港国际电影节及香港电影金像奖，更是香港电影界一年一度的盛事。曾经的辉煌虽已逝去，但香港的歌曲和电影仍在创作和延续，香港人民的精神世界中，也必定有它们亮丽的身影，以及永不熄灭的如火热情。

香港

香港名字的由来

何谓"香港"？自明朝开始，香港岛南部的一个小小港湾，成为转运南粤香料的集散港口，香料云集，自然而然得名"香港"。早在秦始皇统一中国之时，香港便是中国的领土，可惜1842年至1997年6月30日，沦为英国的殖民地。1997年7月1日，香港终于回归祖国，"一国两制"之下的它独具特色，畅快自如，繁忙鲜活。

澳门

你可知"妈港"不是我真名姓？······ 我离开你的襁褓太久了，母亲！

但是他们掳去的是我的肉体，你依然保管着我内心的灵魂。

三百年来梦寐不忘的生母啊！请叫儿的乳名，叫我一声澳门！

母亲，我要回来，母亲！

——摘自闻一多的《七子之歌》

⬇ 澳门夜景

五星莲花绿旗含深意

澳门特别行政区区旗之上，五颗五角星呈弧形排列，象征国家统一；莲花含苞待放，暗合澳门古称"莲岛"，寓意"兴旺发展"，它的三片花瓣代表澳门三大板块：澳门半岛和氹仔、路环两座附属岛屿；大桥如虹，海水荡漾，正是澳门自然风光的写照。而绿色为底色象征着和平与安宁。

行政区区旗中的氹仔、路环两片莲花花瓣，如今已经合二为一，共同形成一个大岛，尚且没有正式的名称。它们为何会合一？一方面，西江水流源源不断，挟来大量泥沙；另一方面，路氹连贯公路工程展开之后，由于填海的关系，公路旁的土地越来越广，澳门于是因势利导进行填海工程，路氹城由此而生。澳门特别行政区，也因之逐日扩展，面积已由19世纪的10.28平方千米变为今日的32.8平方千米。

⬆ 澳氹大桥

⬆ 澳门夜景

双面莲花

我国南方海岸线上，澳门如同一朵圣洁的白莲花，静静绽放，清丽动人，一众名胜古迹为澳门平添厚重。倘若以为澳门只是幽雅沁心，那就错了，这朵莲花宁谧之余，还有着自己流光溢彩的一面。

可不是吗，澳门向来有赌城、赌埠之称，与蒙特卡洛、拉斯维加斯并称为世界三大赌城。旅游博彩业在此开到荼蘼，每当夜幕降临，华灯初上，澳门最为喧嚣的灵魂便开始释放，霓虹灯闪烁流转，赌场一区，诉不尽的花团锦簇。过街老鼠一般的赌业，何以在澳门蓬勃生长？其实，博彩业在澳门的命运也是一波三折。已经扎根澳门140多年的它，1847年便已获得合法身份，不过由政府专营，倒也还算规矩。1896年，当时统治澳门的葡萄牙，明令禁止赌博，博彩业开始晦暗不明，游离于法律边缘。1961年，葡萄牙政府的态度却来了个180°

↑ 澳门夜景

↑ 澳门议事厅

↓ 澳门

大转弯，又出台法令，准许博彩业在澳门开放，称其为"特殊的娱乐"。葡萄牙政府为何会有这般的转变？答案很简单，赌博极易令人沉溺其中，因而能够带来巨大的经济收益。终于重见天日的博彩业，能量愈发不可收拾，一度成为澳门最大的直接税收来源和经济支柱。而且，博彩业绝非一枝独秀，自身繁荣的同时，酒店、饮食等行业也围绕着它遍地开花，博彩业和服务业相得益彰，愈发繁荣炽烈。

如此这般，博彩业、服务业、旅游业三股江流汇合，澳门独具特色的旅游博彩业，脱颖而出，一路载着澳门经济，直入更新更强之境。澳门恰如双面莲花，一面宁静幽雅、安心动人，一面则纸醉金迷、灯红酒绿；静如处子，动若脱兔。

心向往之？莫急，尚需佳期，才能捕捉澳门最美的面貌。身处亚热带气候的它，年平均气温约为20℃，颇为温和：春、夏季

节，潮湿多雨；秋、冬季节，雨量较小，相对湿度也低。所以，如果想去澳门旅游，10~12月最为理想，此时清凉舒爽，天朗气清，澳门这朵"白莲花"最为明洁亮丽。

归去来兮

早在秦朝之时，澳门便是中国领土，但自古红颜多薄命，美丽如它，难免横遭劫掠，身世飘零。1557年，葡萄牙人便获批澳门居住权，犬牙之狼，正式登得澳门厅堂。1887年，葡萄牙势力日盛，昔日的谦恭荡然无存，爪牙毕露，强迫清政府签订了《中葡和好通商条约》，澳门自此沦为葡萄牙殖民地。40年的期限之中，澳门且不说根基失却、无依无靠，更有葡萄牙人凌驾其上，作威作福，享尽各种特权。澳门人民甚是不满，于是反抗运动如同海浪，一波波从未停息。1974年4月25日，葡萄牙革命成功，本土政府改朝换代，新政府倒似有点人道主义精神，开始实行非殖民地化政策，承认澳门是"葡萄牙治下的中国领土"。可惜当时我国国力匮乏，交接条件并不完善，周恩来总理只得提出，暂时维持澳门状况不变。

不过，黑暗总会过去，正如寒冬过后的春日融融。1984年10月3日，邓小平首次公开提出"一国两制"方针，澳门回归终于迎来一丝曙光。1986年，中葡两国政府终于开始就澳门问题展开谈判，第二年，两国总理在北京签署了联合声明，表明澳门地区（包括澳门半岛、氹仔和路环）是中国的领土，中国将于1999年12月20日对澳门恢复行使主权。我国也承诺对澳门实行"一国两制"，保障澳门人享有"高度自治、澳人治澳"的权利，白莲花的自由水土近在咫尺。1999年12月20日如约而至，澳门这个游子，终于回到了祖国母亲的怀抱，绘有五星、莲花、大桥、海水图案的绿色旗帜，作为澳门特别行政区区旗缓缓升起飘扬，一如澳门回归故土的澎湃心绪。澳门，终于摆脱列强的泥沼，亭然出水。

中西文化，相依相融

岁月如歌，悠扬流转。期间，澳门源源不断地接纳了内地居民，也吸收了随之而来的传统文化，妈祖文化便是其中一种，目前在澳门，仅供奉天后的庙宇就有10多座，足可见其风靡；与此同时，佛教、道教也如离离青草，逐渐蔓延铺展；葡萄牙人"空降"之后，不消说，基督教派也加入了澳门文化的大家庭。这几支信仰势力或碰撞或融合，澳门的信仰由此多元多姿，异彩纷呈。在澳门，中、西文化各自磨去棱角，相依相容，为澳门蒙上了一层柔和的面纱：古色古香的传统庙宇、巍然肃穆的天主教堂尽皆落户澳门，不远处的美丽海滨，更为这份柔和平添一份大气。一去一归之间，澳门心怀愈阔，韵致倍增。

⇧ 澳门妈祖庙

⇩ 澳门大三巴牌坊

广州

中国第一展、华南中心城，广州气魄雄浑；山峦绵绵，江水粼粼，古迹森森，广州风光锦绣；粤韵婉转，粤味清脆，岭南风韵，广州文化深幽。

珠江夜景

雄浑南门

坐落于广东省东南部的广州，犹如我国的"南大门"，安然而浑厚。既是处于珠江三角洲北缘，广州这座城市怎么少得了河流的精魂？且不说我国第三大河——珠江穿城而过，西江、北江、东江三条江流也不约而同在此会师。河流的激滟，海洋的广袤，加上与香港和澳门两位响当当的邻居只隔一城，广州义不容辞，成为我国南方最大、历史最悠久的对外通商口岸。四方的通达，赋予了广州豁达的胸怀，自此海纳百川，迅速成长为华南地区的中心城市。雄厚的实力、悠久的对外通商历史，如同磁铁一般，吸引来了大名鼎鼎的广交会（即中国进出口商品交易会）。自20世纪50年代起，广州与广交会的缘分便已落定，不舍不分。为何说广交会大名鼎鼎？要知道，它可是我国展会中的翘楚，由于规模最大、时间最久、档次最高、成交量最多，荣膺"中国第一展"的美称。如今，琶洲国际会展中心已经落户广州，大气磅礴，与广交会相映生辉，世界级博览会日渐成形。广州一城，巍峨耸立，雄浑宏伟，此等大门一出，谁与争锋？

八景荟萃

广州都市繁华，熙熙攘攘，热闹喧嚣。倘若就此以为它浅薄浮躁，那就太小瞧它。这烈烈燃烧的热情，是以灵秀的山水、悠长的港湾、林立的古迹作底的，正如那万绿丛中的一抹鲜红，红色虽然耀眼夺目，绿色亦是幽静雅致，浓浓的绿意之中，广州八景光芒尤盛。

"古祠留芳"：建于清光绪十六年（1890）的陈家祠，号称"百粤冠祠"，曾经是广东省72县陈姓族祠的书院，幽谧宁静，严整有序，古朴之中飞扬着艺术的灵韵——岭南民间建筑装饰艺术云集古祠，"三雕（石雕、木雕、砖雕），三塑（陶塑、灰塑、彩塑），一铸（铁）"的特色尤为鲜明。

⬆ 古祠流芳

⬆ 古祠流芳

"云山叠翠"：自古有"羊城第一秀"美称的白云山，方圆28平方千米。白云山上，绿树堪称霸主，足足占据了95%的土地。不过，这个霸主很温柔，赠与世人浓浓绿意、青山秀水、鸟语花香。白云山的最高峰摩星岭，高382米，素有"天南第一峰"的美称，巍峨秀丽，为山峦的柔美平添一分帅气。天朗气清之时，但见白云朵朵，依依浮于山间，山的翠意配着云的纯白衬着天的湛蓝，不就是和谐的极致吗。

↑ 白云山

"珠水夜韵"：沿着广州的母亲河珠江，23千米的景观长廊一路绵延；清澈的河水，波光粼粼，涤荡着广州的尘嚣之气。夜幕降临，人民大桥、解放大桥、海珠

↓ 珠江夜景

↑ 越秀夜景

大桥、江湾大桥、海印大桥，仿佛深藏的美好瞬间被唤醒，彩虹般七彩绚烂倒映水中，恍若童话世界的倒影，流光溢彩，随波漂荡。

"越秀新晖"：越秀公园大隐隐于市，闹市之中，兀自湖光山色，宁静如画。它环绕越秀山，上布各色休闲设施。占地82.15万平方米的它，是广州最大的综合性文化休闲公园，五羊雕塑、越秀山镇海楼两座广州标志性建筑耸立其中，叙述着广州城的喧闹与宁谧。

广州的别名

广州又名"五羊城"、"穗城"，这些名字从何说起？传说周朝之时，广州连年灾荒，百姓苦不堪言。忽有一日，南海上空飘来五朵彩色祥云，祥云之上，五位仙人各骑仙羊，仙羊口中又衔有五色稻穗，仙人把五彩稻穗赐予广州百姓，祝福饥荒不再。仙人随之飘然离去，五只仙羊留恋人间，自此安居广州，保佑风调雨顺。百姓感念仙人，在五羊之处修建一座"五仙观"，中有五仙和五羊石像。越秀公园之中，"五羊雕塑"俨然，仿佛在证实着这一传说。

"天河飘绢"：从瘦狗岭、火车东站、中信广场、天河体育中心、珠江新城中央大道、海心沙岛一直延伸到珠江南面的赤岗，这就是广州中轴线，其上植被浓茵，排列有致，宛如天河飘下的精美手绢，镶嵌着火车东站绿化广场，而中信广场的水景瀑布，犹如白色的绢边，洁白缥缈，夜间彩灯亮起，愈发梦幻异常。

天河飘绢

　　"黄花皓月"：原名黄花岗，为纪念1911年黄兴领导的广州起义而建。正门牌坊之上，孙中山亲笔所书"浩气长存"四个大字金光闪烁。其内，230米长的墓道庄严肃穆，两旁翠柏长青，穿过泮池和石拱桥，七十二烈士墓碑映入眼帘，高高耸立，气势如云。烈士的赤子之心，穿越时光，透过石木，沉默肃然。

黄花岗

　　"五环晨曦"：为了承办我国第九届全运会，广东奥林匹克中心拔地而起。占地30万平方米的它，是目前亚洲最大、配套设施最好的体育场之一，而且它的屋顶不再是一成不变的圆形，而是如同缎带一般，创意十足。它的看台区可以容纳80012位观众，21个区域色彩各异，宛如花瓣片片，不经意间，广州市花——木棉花徐徐绽放，绚烂温暖。

奥林匹克

莲花峰

　　"莲峰观海"：立于海拔105米的莲花峰上，海湾胜景尽收眼底，曼妙舒展，海水悠悠，承载着千万年来的诗情画意。莲花峰是莲花山的主峰。莲花山由大小不一的40个山丘，簇拥着山上亭亭的莲花石构成。在这里，不仅有盈满的绿意、秀丽的山峦，还有号称"人工丹霞"的悬崖峭壁、奇岩异洞，以及国内仅有的、具有2000多年历史的古采石场遗址，正是粗犷奇特，"人工无意夺天工"。除此之外，明朝万历年间建成的莲花塔和清代康熙年间建造的莲花城等古迹也栖落山间，如同山峦之中隐藏的宝藏，为莲花山平添古韵芳华。

岭南风韵

广州有华丽市景，有幽雅风光，但倘若文化不兴，则正似缺了灵气，眉眼稍显呆滞。不过，胸怀宽阔的广州，怎会胸无点墨？作为岭南文化的中心地，广州既有婉转伶俐的粤曲、粤剧、南音和咸水歌，又有风味独特的粤菜、粤语，岭南建筑、园林、画派等云集此处，不愧为国务院颁布的全国第一批历史文化名城。

↑ 鲍汁扣孖宝

↑ 粤剧

深圳

　　或静或动，百花齐放，浓厚的文化氛围轻笼；昔日的渔村，华丽转身，化为今日的美玉；生态园林，海滨胜景，主题公园，一曲相合，诉不尽深圳的风华韵致。

深圳

⬆ 深圳图书馆

文化之百花齐放

深圳最大的魅力，在于文化。静态而言，它是"图书馆之城"、"钢琴之城"，文化艺术设施琳琅满目；动态而言，作为"设计之都"的它，文化产业多年增速均超过15%，势不可当，文化产业展会、文化艺术演出更是层出不穷，恍若满天星斗，熠熠生辉。

图书馆之城

深圳与图书馆的缘分，始于2003年。那一年，"图书馆之城"的创建活动展开来，深圳与图书馆相守至今，"图书馆之城"已是初见雏形。截止到2012年，深圳已有600余座公共图书馆；2200余万册（件）图书珍藏其中，爱书的人们或安心阅读，或借阅细读，书籍的魅力，犹如清风，深圳拂了一身还满。"深圳读书月"的举办，更为一众图书馆添了几分活力、几分欢腾。作为一座现代都市，弥漫着浓郁的书香之气，实为难得。

钢琴之城

袅袅书香，怎少得了淙淙琴声相伴？深圳这座城市之中，平均每百户居民，就拥有8.2架钢琴，数量之多，比例之高，在全国亦是屈指可数。钢琴既已遍地开花，钢琴教育又岂能落后？深圳的钢琴教育水平也是全国的佼佼者，中小学生之中，钢琴教育俨然已如家常便饭，普及率非常高。钢琴多，钢琴教育高明，无疑造就了浓厚的钢琴氛围，一大批深圳的钢琴演奏家随之脱颖而出，李云迪便曾获得肖邦国际钢琴大赛的第一名。要知道，这项比赛第一名的宝座已经空缺长达13年；听其演奏，恰如旋舞的诗句，流转自然，酣畅自如。

设计之都

书香、琴声相伴，深圳这座年轻的都市，如何不创意泉涌、妙笔生花？深圳之中，设计精英云集，而且个个具备全国乃至全世界的影响力，毕学锋、陈绍华、韩家英等平面设计师哪个不是大名鼎鼎，又有哪个不是来自深圳？远的不说，我国申请2008北京奥运会的标志，那便是深圳人之奇思妙想。设计的火花飞溅，引燃了世界的目光。2008年12月7日，深圳获得联合国教科文组织批准，加入了全球创意城市网络，成为全球第六个"设计之都"，这在我国尚属首例。

文化产业巨擘

深圳富于文化韵致，更善于打造品牌，"市民文化大讲堂"、"创意十二月"等一系列品牌文化活动，便将文化与品牌融为一体，彰显出深圳充沛的城市人文精神。这里迅猛发展的文化产业，无论规模还是增长速度都处于我国大城市前列。"文化＋科技"、"文化＋金

↑ 深圳

融"、"文化＋旅游"等发展模式新鲜出炉，不同领域的交融碰撞，迸发出了独特的璀璨光芒，深圳也由此朝着文化产业龙头大市一步步迈进。文化产业的广袤天幕，怎少得了繁星点点？看吧，10个文艺家协会、19个专业艺术团体、3000多人的文艺工作者队伍扎根深圳，塑造了"大剧院艺术节"、"国际水墨画双年展"、"国际双年钢琴比赛"、"中外艺术精品演出季"等文化节庆品牌，文艺活动日益兴盛、精彩纷呈。既是巨擘，自然是有大手笔，一年一度的中国（深圳）国际文化产业博览交易会，有"中国文化产业第一展"之称，是我国最大、最权威的，国家级、国际化、综合性文化产业展会，交易额巨大。

深圳的前世今生

深圳是古老的，早在新石器时代，便有人在此繁衍生息，它迈着徐缓的步子，涉过了历史长河；深圳又是年轻的，1979年才正式建市，1980年8月26日 "深圳生日"这天，才诞生了深圳经济特区。深圳倒似那返老还童的人儿，步履越发轻捷，越发青春逼人起来。自特区成立之日起，深圳由边陲小渔村，迅速华丽变身，成长为国际化城市。2004年，深圳已全无农村痕迹，"深圳速度"令人瞠目结舌。如今的深圳，已经是我国的金融中心、信息中心、高新技术产业基地，华南商贸中心及旅游胜地以及重要的海陆空交通枢纽城

锦绣中华

市。昔日的闭塞落后，尽皆褪去，宛如打磨之后的璞玉，光泽尽情流转。

深圳现有的四大支柱产业——高新技术产业、现代物流业、金融服务业以及文化产业，无不透出浓浓的现代气息。这四大产业相辅相成，绘就了深圳蓬蓬勃勃的先进图景。领先一步的深圳，更是眼光锐利、慧眼独具，率先出台了生物、新能源和互联网三大新兴产业的振兴发展规划和政策。2010年，这一独到眼光得到印证，生物、互联网、新能源三大新兴产业迅速崛起，成为深圳经济发展的新引擎。深圳的发展，在惊人的速度之余，层次逐步丰富，质量逐步提升；深圳的发展，脚步愈发稳健，灿烂的未来近在眼前。

↑ 深圳

生态园林之城

深圳这座城市，虽然年轻现代，虽然高楼耸峙，但城中的土地，仍有45.04%为绿意笼罩。近年来，"国际花园城市"、"环境保护'全球500佳'"、"国家园林城市"、"中国保护臭氧层贡献奖特别金奖"等荣誉接踵而至，深圳的生态园林本色光芒尽显。既有盎然的绿意，又有天然丘陵、沙滩、海湾、水库等旅游资源和人造景观造势，借此地利人和，深圳建立起了一处处格调新颖的度假村、综合游乐中心和主题公园。1989年，全国第一个主题公园——锦绣中华便是在深圳安家落户的，其微缩景观曾获"中国十大风景"的美誉。

自然生态、滨海休闲、主题公园相织相融，相生相合，共同构成了鲜明的旅游特色，深圳由此被我国政府评为"优秀旅游城市"，并且名列美国《纽约时报》评选出的2010年必到的31个旅游胜地。2011年8月，深圳举办的世界大学生运动会，是继北京奥运会、广州亚运会之后，我国举办的又一次大型国际运动会。跃动的体育活动，为深圳注入了新鲜的活力和蓬勃的朝气，深圳这座城市，愈发生机盎然。

深港合作

由于毗邻香港，深圳市边界设有全国最多的出入境口岸。深、港两地山水相连，经济相互依存。深圳的明星行业——设计业，就是由香港设计业带动发展起来的。2007年7月，深港西部通道（深圳湾公路大桥）正式建成通车，深、港两地联系更为紧密，在服务业、跨境基建、科技、环保、交通等领域的合作也日益增多，强强联合，气势浩然。

北海

历史波涛中坚定如一的，是北海的海魂；湛蓝海洋旁清爽宜人的，是北海的气息；海洋成全了北海的成长，北海散播着海洋的风姿，相融相合之下，一曲厚重的史诗安然流淌……

北海浮沉

北海，这个名字里就充满海之印记的城市，古往今来，一直弥漫着浓浓的海洋气息。早在2000多年前汉代的时候，它就是广西的政治、文化、经济中心，是我国"海上丝绸之路"的始发港之一。不过那时候的它，还没有今日那么分明的轮廓和大气的称号，在历史长河中，它忽而被称作禄洲，忽而被称作越州，忽而被称作廉州，这里还曾设立过盐田郡、海门镇等行政区。元朝的时候，这片海滨行政区域中，设置了市舶司，专管海运和外国船只，一时之间，经过这里的船只几乎全要在此注册报到，分明就是早期的海关，好不熙攘热闹。

热闹是热闹了，它的名号可是还没有统一起来，行政地位也还没有尘埃落定呢。于是在清朝乾隆年间，北海市正式建立起来了，它从此不再是散落的珠玉，而是凝结成了一串，化身为北海镇，成了北海总兵的驻地。康熙年间，这片清军驻地上还修筑了炮台，面朝大海的北海，摇身一变，成了军事重镇，商业经济也随之蓬勃发展。地位这么重要，民国时期设立为市也就不稀奇了。新中国成立后，北海仍旧保持本色，继续做它的北海市，但是在这期间，北海的归属却还没有定论，它先是被划归广东，而后才最终划归广西壮族自治区。北海所面临的波涛起伏，不仅是地位、名号和归属，就连援越抗法、援越抗美、自卫反击战这三

🔻 北部湾广场

场战争，北海也全都一一见证，可以说，北海之海魂，随历史之波浮沉。

舒畅氧吧

属亚热带海洋性季风气候的北海，冬天的时候没有寒风刺骨，夏天的时候没有骄阳当空，放眼望去，笔直宽阔的大路旁，绿树洒下清爽的阴凉，映着舒畅的碧海蓝天，亚热带海滨风光旖旎亮丽，非常宜人、迷人。在这里，深深吸一口气，顿觉分外怡神，这是什么缘故呢？无须惊讶，只需欣喜，因为北海正是全国空气最清新的城市之一，名列我国宜居城市"三海一门"（珠海、北海、威海、厦门），称得上是免费的氧吧。这里的树木欣欣向荣，这里的花朵争奇斗

⬆ 珠海路老街

⬆ 北海金海湾红树林

艳，这里的绿草盈盈如茵，这里的海水温净碧透，无不将空气中的杂质一点点过滤，营造出活跃的负氧离子，在北海的空气中自由地施展魔法，舒缓人们体内的疲惫，涤荡人们心头的尘埃。

是不是看得心里痒痒的，想去感受一番氧吧的风采，但又担心路途遥远呢？放心，北海虽然地处西部，却是西部地区唯一一个坐拥航空、铁路、高速公路和港口的城市，四位一体的交通网络，造就了北海的四通八达。更何况，北海向来就气度豁达，坐落在广西壮族自治区南边的它，东边依着广东省，南边望着海南省，西边偎着越南，在北部湾的东北岸潋滟生辉。中国的大西南，若想走出封闭，与东盟互相往来的话，北海称得上是最为便捷的出海口。单说它的海运吧，客运上就有北海国际港、客运港，货运方面更是与世界上98个国家和地区的216个港口保持着密切的贸易往来，如此说来，北海堪称广西的门户了，通过它，广西得以与香港、澳门、台湾地区相互拜访，流畅自如。

↑ 北海银滩雕塑"潮"

↑ 北海海洋之窗

以海为楫

正如北海这个名字一样，这个城市无处不充斥着海的气息，这里有"中国最美的十大海岛"之一——绚烂的火山岛涠洲岛，也有小岛星罗棋布，如田田荷叶的星岛湖，不过广西流传着这么一个说法："北有桂林山水，南有北海银滩"，把甲天下的桂林山水，与北海银滩相提并论，北海银滩究竟有多大的魅力？

1992年就被列为国家级旅游度假区的北海银滩，享有"天下第一滩"的美誉。中国的大好河山，美景无限，景点更是如同天上的繁星，数不胜数，不过，在这些繁星之中，有35颗最为耀眼，被称为中国的"王牌景点"，地处西南、北部湾东北岸的那颗，便是北海银滩了。这片银滩绵延24千米，平坦无垠；银滩上的沙子犹如白色飘带，细软洁白；依偎着的海水温暖柔和，而且天性纯良，既澄澈无余，又没有鲨鱼等暴力因子，就这样，沙滩与海水相互携手，托出了清新透彻的空气，吸引来了无数负氧离子，足足达到了内陆城市负氧离子含量的50~100倍，着实是个透透气、宁宁神的好地方。

海洋成就了北海，但北海也没有忘记回馈海洋，通过北海海洋之窗、北海海底世界，北海向人们呈现出海洋文化大餐，成为全国海洋科普教育基地。海洋的风姿，在这里广为流传：来到北海海洋之窗这座大型综合性海洋博览馆，神秘的大海、关顾海洋、珊瑚海、海上丝绸之路等16个主题灿若星辰，瑰丽的活体珊瑚翩然摇曳，浑厚的航海历史文化徐徐展开，更有时尚的无水水族馆、巨型圆缸景观和4D动感电影大放异彩，引领国际潮流；作为中国西部最大的海底观光景区，无数的海洋生物在北海海底世界安然生活、怡然表演，无数的友人来此观光游览，无数的青少年来此观摩学习，无论是规模还是品种，北海海底世界都位居全国海洋馆前列，只要来到这里，壮丽的海底景观便赫然眼前，动人心魄。以海为楫，北海就此踏上了寻求奥妙的奇幻之旅。

史海遗贝

屈辱的中国近代史中，畅通的北海也没有幸免于难。1876年中英《烟台条约》签订之后，北海被增开为通商口岸，被迫对外开放。继中国内陆的大门被撞开之后，通往中国内陆的"后门"也被迫打开。自此，英国、德国、奥匈帝国、法国、意大利、葡萄牙、美国、比利时8个国家纷纷在北海设立了领事馆、教堂等一系列机构。历史尘嚣已经远去，但这批西洋建筑仍作为凝固的史料存留了下来，其中的15座近代建筑，如英国领事馆旧址、德国领事馆旧址、北海关大楼旧址、涠洲岛城仔教堂旧址等，聚集在一处，形成了北海近代建筑群。漫步于其间，我国的近现代社会史、经济史、建筑史、宗教史以及对外开放史等都在你耳边呢喃，诉说着往日的无奈、欣喜于今日的自主。2001年，北海近代建筑群登上了全国重点文物保护单位的名单，作为砖石的史诗，记录下了往昔的历史云烟。

跟领事馆那些趾高气扬的建筑不同，珠海路老街上的建筑要平易几分，但两者却存在着千丝万缕的联系。何出此言？随着人口的增多，许多民用建筑如雨后春笋般涌出，而正是受领事馆等西方卷柱式建筑的影响，这些建筑也沾染上了西洋气息。在这条骑楼老街穿行，就会发现，老街两边的建筑多为两到三层，窗顶大多呈现出卷拱结构，而且窗户的顶端都雕刻着饰线，流畅精美，就连墙面上也布满了式样各异的装饰和浮雕，俨然成了一条雕塑长廊。不仅如此，这些建筑还大多上面是楼，一层则是长廊，构成骑楼，人们行走其中，太阳晒不到，雨也淋不到，旁边的铺面地盘更大了，当街少了行人的身影，显得愈发宽阔了，别具一格，而即使这骑楼，也无处不渗透着西方的影响。一眼望去，方形的柱子粗大厚重，庄严肃穆，颇具古罗马建筑风格。这些建筑，正如茫茫史海之中遗落的贝壳，看似不甚起眼，却凝聚着历史最为朴素和真挚的面貌。

➔ 德国领事馆

🔵 博鳌

博鳌

游鱼成群，是博鳌的美好希冀；群英云集，是博鳌的不二盛景。河海相映，博鳌小城，信然美哉。

万泉河口，博鳌论坛

万泉河自五指山东麓发源，一路叮咚歌唱。上游古木参天、峡谷峭壁，下游河面碧波荡漾、豁然开朗，其旁椰树槟榔夹岸，其侧竹篱茅舍掩映于万绿丛中，好一派如画风光。这诗意荡漾的画卷之中，博鳌小城安然栖落，正似清明河上的木制小舟，化作碧波之上一抹音符。位于海南琼海市东部海滨的它，其实是个半渔半农集镇，虽然面积只有31平方千米，但正所谓凝聚的皆为精华。博鳌的魅力早已倾倒了众生，每年4月芳菲之时，"亚洲论坛"便会

岛、鸳鸯岛三岛相望，美丽曲折，情致幽然；山与水，海与岛，椰林与沙滩，奇石与温泉，共同谱就一曲清韵，博鳌之音，悠悠袅袅，绕梁三日而不绝。

玉带滩全长8.5千米，地形地貌酷似美国的迈阿密、墨西哥的坎昆、澳大利亚的黄金海岸，在亚洲可谓独一无二。它的北部于1999年6月被上海大世界基尼斯总部以"分隔海、河最狭窄的沙滩半岛"录为世界之最。这块"金字招牌"使玉带滩得以坦诚待人，面目一如初见。

🔼 博鳌亚洲论坛

如约而至。届时，亚洲各国政要齐聚一堂，正是胜友如云、人杰地灵，这片博鳌水城因之声名远播。

当初为何要把会址永久定在这座小镇？位置便利是重要原因，但它的美丽定也起了重要作用。可不是吗，放眼望去，东部沙洲"玉带滩"，其外南海烟波浩渺，其内万泉河、沙美内海平滑如镜，湖光山色，两相映衬，大气与纤秀擦出奇妙的火花；万泉河、九曲江、龙滚河三江交汇，东屿岛、沙坡

🔼 博鳌玉带滩

博鳌之望

何谓"博鳌"？这个独特的名字又寄托着怎样的寓意和希冀？这一切，得从史志资料才能寻得答案。博鳌名称的史志资料，最早收录于明朝正德六年（1512）唐胄胄主纂的《正德琼志台》，其卷十一记载有"博鳌浦莫村都（在县东民疍）"之句。"民疍"便是疍民的倒置，意为"水上人家"，随波而居，生不离船，被称为"海上吉普赛人"，博鳌之名，便是由疍民赋予。所谓"博"，自是指多；"鳌"指传说中的大龟，也指大鳖，这里可以泛指鱼类。由此看来，"博鳌"二字，寓意便是"鱼类充沛"，这不正是疍民的美好希冀吗？枕海而居的他们，希求的不过是鱼多鱼肥，可以安居此处，不再逐波而生、漂泊无依。博鳌所承载之愿望，简单而又质朴，却足以感人肺腑。

⬆ 博鳌

⬇ 博鳌

↑ 永兴岛

三沙

　　南海之中，众多群岛、岛礁散落，艳阳之下，三沙怡然自得；永兴一岛，恰似三沙之心，南海碧波之上，海韵依依。

群岛云集

　　三沙这座城市，是个名副其实的"孩童"，它于2012年6月21日才成为新晋地级市。如果要问它为什么会晋升，那可都是西沙群岛、南沙群岛、中沙群岛三大成员的功劳。这三个群岛原本归海南省三沙办事处管辖，如今办事处撤销，三大群岛正式转投三沙门下，建立地级市。作为我国目前地理纬度最南端的市，它的建立使我国对南海各大群岛、岛礁的开发利

↑ 三沙

↑ 永兴岛主权碑

用更加直接和便利。属下全是群岛的地级市，在我国还有一个先例，那就是舟山市。这两个以群岛为行政区划的地级市的设立，是我国大力控制领海、捍卫海洋权益的明显讯号。自此，我国沿海的群岛、岛礁不再默默无闻，开始走入公众视野，走进国人的内心，安享应得的重视和保护。

永兴海韵

若问三沙之心花落谁家，那必是海韵悠然的永兴岛。这座南海诸岛中最大的岛屿上，三沙市政府安然坐落，成为三沙市经济和文化中心。平坦无余的永兴岛，仅仅高出海面5米，最高处也不过8.5米，宛如浩渺烟波上的"小小"绿船，"船舱"浅浅，平阔幽然。永兴岛西南方，一道长约870米、宽约100米的沙堤蔓延舒展，正似绿船长长的舟楫。

永兴岛独居南端，可孤单吗？放心，岛上有环岛公路、可以起降波音737客机的2400米跑道、足以停靠5000吨级船只的码头等交通设施，游人来往穿梭便利自如。永兴岛如此偏远，岂非贫瘠落后？纯属误解，永兴岛上，邮政局、银行、商店、气象台等生活设施一应俱全，既便捷又充实，何况永兴岛的风光之美也是令人咋舌。放眼望去，椰树、枇杷树等热带植物恍若碧绿的烟霞，覆于整座岛屿之上。自然的烟霞之下，西沙海洋博物馆、西沙将军林等人工作品，宛若巨蚌所含的珍珠，晶莹润美，讲述着永兴岛的人文历史。置身永兴岛海边，近可观石崖涌浪、晨曦夕照，远可探澄净海水之下的珊瑚礁，收放自如，恣意畅快。

↑ 往来于海南岛与三沙的"琼沙3"号

海运

浩瀚的南海，看似阻隔了陆地之间的联系，却也悄然承载了流通的责任。2000多年前的丝绸之路起点，如今依然生机无限，广州港八面玲珑、深圳港引领潮流，一个个活跃着，将那货物自如吞吐。客运也不示弱，香港的邮轮穿梭自如，灯火通明，粤海铁路跨过琼州海峡，搭建粤海相会的"银河"。南海海运，好一派熙攘气象！

吞吐自如

如今海上游弋的轮船，满载的多是货物而非旅客，货运可谓是海上运输中的主力军，而南海的货运，在全国范围内更可算是大哥大级别。为什么这么说呢？单是看南海周身遍布的海峡吧，台湾海峡、巴士海峡、巴林塘海峡，当然还有大名鼎鼎的马六甲海峡，这些海峡不仅成为南海与其他海域分隔的界限，也使南海与这些海域相互连接沟通，因而南海成为我国远洋航运的必经之地，无怪乎2000多年前，这里就已经是海上丝绸之路的起点了。

广州港

无巧不成书，南海的周边恰好是改革开放的春风最早吹拂到的地方，这里的各大城市自然而然成为我国经济发展的乐土，经济发展一旦活跃，人们自然也就坐不住，想走出家门交流交流了，于是这里成了我国对外贸易的先锋地带。如此说来，在南海海域之上，外贸港自是格外强大，不过要是仔细论起来，其中最为霸气的，必是广州港无疑。昔日的它，曾是海上丝绸之路的起点之一，时光流逝，却并未将它的芳华掩盖，相反，它恰似那被岁月之手打磨的钻石，越发光芒四射。没错，它现在可是华南地区最大的外贸口岸，2010年，便有4.11亿吨的货物在此吞吐，况且它跟我国的100多个港口、世界上的350多个港口都是好朋友呢，真可谓八面玲珑。

若要论天生丽质，还要数湛江港，虽然它现在已经是我国大西南和华南地区货物出海的主要通道，也同东盟自由贸易区来往密切，但是它的许多潜力仍尚待开发呢。它既有东海岛、硇洲岛和南三岛这三个卫士抵挡着台风，又有比鹿特丹港还要长两倍的内港岸线，加上静水流深，湛江港成为吞吐10亿吨的国际大港可谓指日可待。

🔺 湛江港

🔺 广州港集装箱码头

但要列一个南海各港潮流榜的话，深圳港定是高居榜首。且不说它的集装箱吞吐量居世界第四位，也不说它将与香港携手，共筑亚太地区国际航运中心，且看一看它乐于尝试新鲜事物的精神吧。是它，率先引进外资加入港口建设经营的行列，逐步迈向国际化、规模化和现代化；也是它，率先安装了国际先进水平的集装箱码头中央调度系统，为客户提供了自动化、专业化、智能化服务。这位精力旺盛的弄潮儿，着实为珠三角及全国的经济增添了许多青春活力。

　　而南海的沿海航运称得上我国南北方经济差异的风向标，北方缺什么，南方少什么，看看南海的沿海航运货物类别就了然于心了。无论是沿海还是远洋货运，南海始终大气不改，通过它的胸怀，各种商品得以纵贯东西，互通有无，工厂里的机器得以轰鸣，货架上的商品得以琳琅满目。

⬇ "达飞·马可波罗"号停靠广州港

迎来送往

经济繁荣了，坐不住的不只是那些货物，人们也是，又得出去谈生意，又得出去找机会，时不时地还走亲访友，休闲度假，这时候，客运的重要性就凸显出来了。遥想当年，郑和下西洋之时，挥斥方道，何等豪迈？如今却是再也见不到如此景致了。不过，先不要忙着叹息，如今的人们，少了几分豪迈，却多了几分舒适，也有了更多的选择。

可不是吗，嫌船不够舒适？众多港口正准备用亮闪闪的邮轮将你安渡，其中光芒最为耀眼的便是东方之珠——香港了，它可是我国最为完善的邮轮母港。其实，相比北美和欧洲，

整个亚洲的邮轮母港都起步较晚，但是香港没有就此气馁，而是铆足了劲儿地发展，加上它先天条件优越，自身经济实力强、出行人数多的同时，离珠三角这块流金之地也很近，加上独具特色的香港至台湾直航邮轮航线，所以香港邮轮母港的发展势头很好。时至今日，它已经能够同时停靠两艘大型邮轮、四艘小型邮轮了。灯火辉煌的邮轮，满载着尽享舒适的游客，映衬着"购物天堂"的五光十色，当真是流光溢彩。

　　嫌船太过周折？没关系，火车也可以径直开上南海。这可不是科幻小说，我国第一条跨海铁路——粤海铁路，已经在2004年全面建成通车了。单从它的名字便可看出，它所成就

丽星邮轮

的，正是广东与海南这段良缘。火车究竟是怎么漂洋过海的呢？秘密武器就是火车渡船，也就是可以摆渡火车的船舶。其实，不仅是火车，汽车、旅客都会云集于此，船也为车辆的上下方便而作出了设计。比如，如何保证船舶与海岸之间的铁轨对接正常？如何让火车和汽车上下船方便？诸如此类的难题没有难住人们，于是火车终于也坐上了船，享受了一次被服务的感觉。

有了这粤海铁路，只消坐上粤海铁路上奔驰的火车，便可饱览那蓝天椰影的热带风光了。不过，粤海铁路的开通，便利的可不光是旅客，还有物资的流转，没错，许多离湛江比较远的、时效性强、体积不大的货物不再费周折走水路了。孤悬海外的海南岛终于与大陆有了直接通道。

🔽 "粤海铁1"号

🔼 歌诗达 "经典"号停靠香港海港城

书页启合间，魅力南海已经完全展现。无数海湾、海峡在此相依相偎，变幻无常的气候、海浪在此相互交织，动静相宜，营造出南海磅礴的气势和通达的气韵。

　　无论是旖旎的海岛、舒爽的海滨、穿梭的船只，还是流淌的光彩，都将南海的美丽娓娓道来。它的美丽却也脆弱，好在自然保护区和国家海洋公园两相携手，将那蓊郁的红树林、绚烂的珊瑚礁一一悉心呵护。

　　南海的美丽，不止一面，南海需要的守护，不止几分。美丽唯有遇上守护，方能绵延不绝，不是吗？

图书在版编目（CIP）数据

南海印象/李华军主编. —青岛：中国海洋大学出版社，2013.6
（魅力中国海系列丛书/盖广生总主编）
ISBN 978-7-5670-0327-9

Ⅰ.①南… Ⅱ.①李… Ⅲ.①南海－概况 Ⅳ.①P722.7

中国版本图书馆CIP数据核字（2013）第127264号

南海印象

出 版 人	杨立敏		
出版发行	中国海洋大学出版社有限公司		
社　　址	青岛市香港东路23号	邮政编码	266071
网　　址	http://www.ouc-press.com		
策划编辑	王积庆　电话 0532-85902349	电子信箱	wangjiqing@ouc-press.com
责任编辑	王积庆　电话 0532-85902349	订购电话	0532-82032573（传真）
印　　制	青岛海蓝印刷有限责任公司		
版　　次	2014年1月第1版	印　　次	2014年1月第1次印刷
成品尺寸	185mm×225mm	印　　张	10
字　　数	80千	定　　价	24.90元

发现印装质量问题，请致电 0532-88785354，由印刷厂负责调换。